全国职业技术院校工程机械运用与维修专业教材

工程机械（装载机）维修

人力资源社会保障部教材办公室组织编写

中国劳动社会保障出版社

简介

本书主要内容有装载机的检查与维护、装载机传动系统的故障诊断与维修、装载机制动系统的故障诊断与维修、装载机工作装置及液压系统的故障诊断与维修、装载机电气系统的故障诊断与维修。

本书由李清德主编，刘文生副主编，施红岩、王磊、钱琳琳、李樾参编；黄成磊主审。

图书在版编目（CIP）数据

工程机械（装载机）维修 / 李清德主编. —北京：中国劳动社会保障出版社，2017
全国职业技术院校工程机械运用与维修专业教材
ISBN 978-7-5167-3182-6

Ⅰ. ①工…　Ⅱ. ①李…　Ⅲ. ①装载机-维修-高等职业教育-教材　Ⅳ. ①TH243.07

中国版本图书馆CIP数据核字（2017）第233919号

中国劳动社会保障出版社出版发行
（北京市惠新东街 1 号　邮政编码：100029）

*

北京市艺辉印刷有限公司印刷装订　　新华书店经销

787 毫米 ×1092 毫米　16 开本　10.5 印张　206 千字
2017 年 9 月第 1 版　　2023 年 5 月第 2 次印刷
定价：19.50 元

营销中心电话：400-606-6496
出版社网址：http://www.class.com.cn
http://jg.class.com.cn

前 言

为了更好地适应全国职业技术院校工程机械运用与维修专业的教学要求，全面提升教学质量，人力资源社会保障部教材办公室组织有关学校的骨干教师、行业和企业专家，依据《技工院校工程机械运用与维修专业教学计划和教学大纲（2016）》，在充分调研企业生产和学校教学情况，并吸收和借鉴各地职业技术院校教学改革成功经验的基础上，编写了本套专业教材。

教材体系

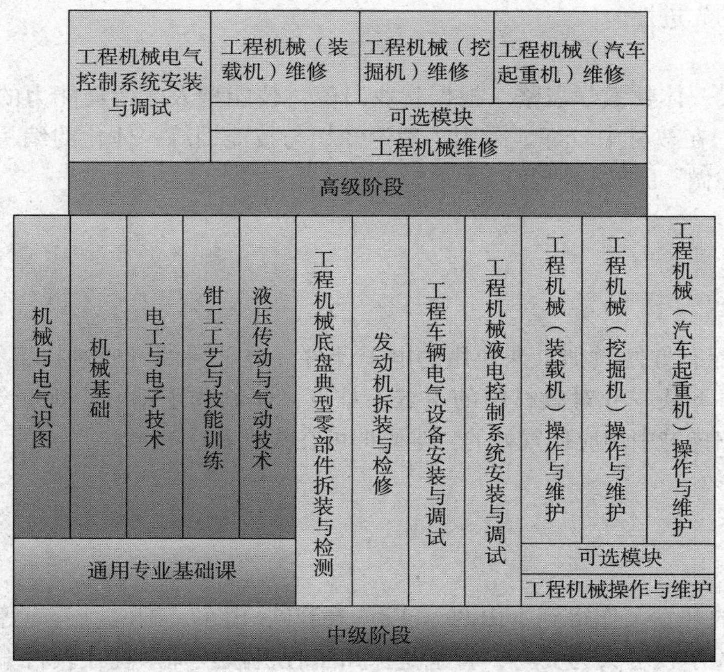

注：通用专业基础课可从机械类、电类通用教材中选用。

适用对象

工程机械运用与维修专业中级、高级两个层次和以下 3 种学制：

- 初中毕业生 3 年学制培养中级工
- 高中毕业生 3 年学制培养高级工
- 初中毕业生 5 年学制培养高级工

编写特色

■ **体现国家标准要求**　以国家职业标准为依据，涵盖相关国家职业标准（中级、高级）的知识和技能要求；以最新的国家技术标准为参照，使教材更加科学和规范。

■ **体现企业需求**　广泛听取包括徐州工程机械集团有限公司等知名企业专家意见，根据企业岗位和教学实践的需求，确定学生应具备的能力与知识结构，并注重教材内容的深度、广度与实际需求相匹配。

■ **体现行业技术发展**　根据工程机械相关领域技术的最新发展，确定新知识、新技术、新设备、新材料等方面的内容，如挖掘机中斗杆和动臂的回转优先与合流控制技术、汽车起重机中的双变量新型节能液压系统、压路机中的基于CAN–BUS总线通信系统技术等，保证教材的先进性。

■ **体现理实一体化教学思路**　根据就业岗位对技能型人才所需能力的要求，加强实践性教学内容，在教材中较好地采用了理论知识与技能训练一体化的编写模式，以体现“做中学”“学中做”的教学理念。

教学服务

本套教材配有方便教师上课使用的电子课件，电子课件可通过技工教育网（http://jg.class.com.cn）下载。针对教材中的重点、难点，还制作了动画、视频等多媒体素材，使用移动终端扫描书中相应位置处的二维码即可在线观看。

致谢

本次教材的开发工作得到了山西、江苏、浙江、山东、湖南、云南等省人力资源社会保障厅及有关学校的大力支持，特别是徐州工程机械技师学院在教材编写中做了大量的工作，在此我们表示诚挚的谢意。

人力资源社会保障部教材办公室

2017年4月

目 录

模块一

装载机的检查与维护

课题 1　装载机的日常维护与保养

学习目标

1. 理解日常保养的重要性。
2. 掌握定期保养各阶段的内容。

装载机的保养周期一般分为 10、50、100、250、500、1 000、2 000 h 等阶段。周期为 10 h 的保养称为日常维护，需要每天在装载机操作前、中、后三个阶段对其进行常规的检查与保养。规范的操作与保养能够延长装载机的运行期限和降低作业成本，从而有效地减少了装载机整机维修所需的时间，并降低了维修费用。

一、日常维护

1. 每天登上装载机之前，应环车检查装载机各系统有无异常、泄漏等，目测检查散热风扇和传动带，如图 1—1—1 所示。

图 1—1—1　检查发动机风扇和传动带

2. 检查发动机机油油位和冷却液液位是否在规定范围之内，有无泄漏现象，如图 1—1—2、图 1—1—3 所示。

3. 检查油箱的液压油油位是否在规定范围之内、液压管路的连接及有无泄漏现象、空气滤清器服务指示器是否在规定范围之内，如图 1—1—4、图 1—1—5 所示。

图 1—1—2　检查发动机机油油位

图 1—1—3　检查发动机冷却液液位

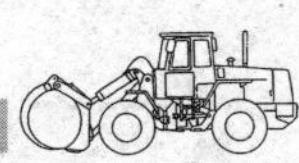

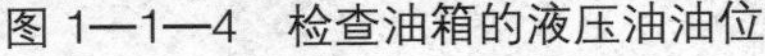

图 1—1—4　检查油箱的液压油油位

图 1—1—5　检查空气滤清器服务指示器

4. 检查燃油油位，排除燃油滤清器中的水和杂质，如图 1—1—6、图 1—1—7 所示。

图 1—1—6　检查燃油油位

图 1—1—7　排除燃油滤清器中的水和杂质

5. 检查装载机轮胎是否损坏，轮胎胎压是否正常。

6. 检查蓄电池、发电机、起动机等主要电气元件是否损坏及导线连接情况。

7. 检查装载机的灯光及仪表、开关是否正常，如图 1—1—8、图 1—1—9、图 1—1—10 所示。

图 1—1—8　检查灯光

图 1—1—9　检查仪表

图 1—1—10　检查开关

8. 按照装载机整机润滑图的指示，向各传动轴（如铲斗、拉杆、摇臂、动臂的传动轴润滑点）加注润滑脂，如图 1—1—11 所示。

9. 拉动储气罐下方手动放水阀的拉环，排出储气罐中的水和杂质，如图 1—1—12 所示。

图 1—1—11　向各传动轴的润滑点加注润滑脂

图 1—1—12　排出储气罐中的水和杂质

10. 在冬季起动时，装载机要先预热 15 ~ 20 min，此时装载机的发动机转速由低速到中速，水温达到 40℃；装载机低速行驶并活动工作操纵杆，直到水温达到 60℃时，装载机才能正常工作。

11. 在日常作业中，车速不要太快。严禁使用Ⅱ挡装载物料。因为使用Ⅱ挡装载物料，会严重损坏动力换挡变速箱内的超越离合器总成，缩短其使用寿命。

12. 在高速行驶的情况下禁止紧急制动。紧急制动会使前、后驱动桥的传动齿轮受到很大的冲击，易造成齿轮损坏。

13. 在装载机工作时，应检查装载机各仪表显示是否在正常范围之内。在正常情况下，水温不能高于 80℃。因为节温器在 75℃会自动打开。当水温高于 80℃时，应检查防冻液是否能实现大循环，同时检查散热风扇传动带是否松动。

在使用装载机的过程中，每天都要对其进行维护、保养。只有掌握装载机正常运行过程中的温度、压力等主要技术参数的正常范围，才能正确维护和保养装载机。装载机的主要技术参数具体见表 1—1—1。

表 1—1—1　　装载机技术参数

技术参数	正常参数范围	技术参数	正常参数范围
柴油机水温	55 ~ 95℃	变矩器油温	≤110℃
机油压力	0.10 ~ 0.35 MPa	制动气压	0.5 ~ 0.78 MPa
变速箱机油压力	1.1 ~ 1.5 MPa	前轮胎压	0.32 ~ 0.35 MPa
机油温度	55 ~ 95℃	后轮胎压	0.28 ~ 0.30 MPa

二、定期保养

1. 定期保养的阶段

定期保养按保养周期划分为 50、100、250、500、1 000、2 000 h 保养等阶段。

2. 定期保养作业

（1）每 50 h 维护、保养作业

1）紧固所有传动轴的连接螺栓，如图 1—1—13 所示。

2）检查制动泵油杯的油量，如图 1—1—14 所示。

图 1—1—13　紧固所有传动轴的连接螺栓

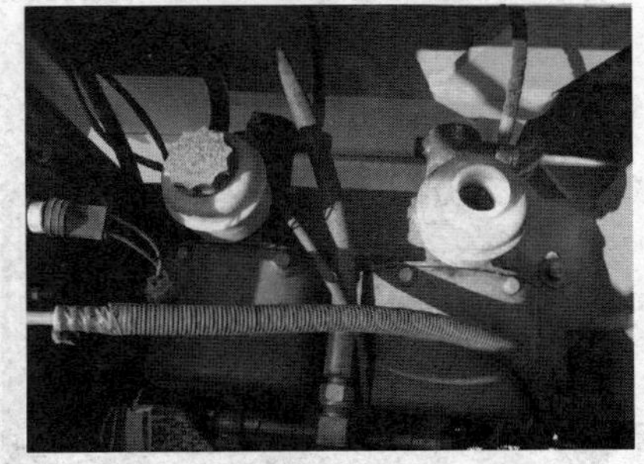

图 1—1—14　检查制动泵油杯的油量

3）检查变速箱油位，如图 1—1—15 所示。

4）清洁蓄电池的接线柱并涂上凡士林，如图 1—1—16 所示。

5）检查油门操纵、驻车制动、变速操纵系统。

6）向前、后传动轴，转向油缸，前、后车架铰接销，发动机风扇轴，后桥摆动架，驾驶室门铰链，后机罩线性驱动器等各润滑点加注润滑脂，如图 1—1—17、图 1—1—18、图 1—1—19、图 1—1—20 所示。

7）松开燃油箱底部的放油塞，使沉淀物和混合的水随燃油一起排出。

图 1—1—15 检查变速箱油位

图 1—1—16 清洁蓄电池的接线柱并涂上凡士林

图 1—1—17 向前、后传动轴加注润滑脂

图 1—1—18 向转向油缸和前、后车架铰接销加注润滑脂

图 1—1—19 向发动机风扇轴加注润滑脂

图 1—1—20 向后桥摆动架加注润滑脂

（2）每 100 h 维护保养作业

1）检查轮辋与制动盘固定螺栓的紧固程度。

2）清扫发动机缸头，如图 1—1—21 所示。清洁或更换空气滤清器滤芯，如图 1—1—22 所示。

图 1—1—21　清扫发动机缸头

图 1—1—22　清洁或更换空气滤清器滤芯

3）检查前、后桥油位，如图 1—1—23 所示。

4）清扫散热器组，如图 1—1—24 所示。清洗燃油箱加油滤网，如图 1—1—25 所示。

5）作业前，在冷态下测量轮胎充气压力：前轮充气压力为 0.32 ~ 0.35 MPa，后轮充气压力为 0.28 ~ 0.30 MPa，如图 1—1—26 所示。紧固轮辋、制动钳固定螺栓。

6）检查发动机油量。如果有需要，从滤油口加入发动机油。

图 1—1—23　检查前、后桥油位

图 1—1—24　清扫散热器组

图 1—1—25　清洗燃油箱加油滤网

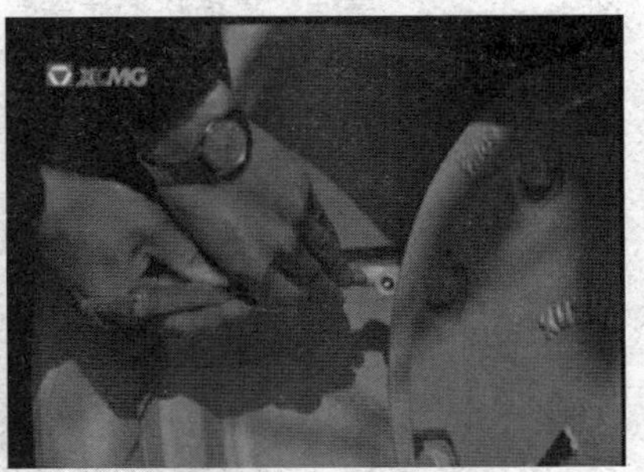

图 1—1—26　作业前冷态下测量轮胎充气压力

（3）每 250 h 维护保养作业

1）在第一次 250 h 作业后，需进行下列的维护内容：

①更换燃油滤清器滤芯，如图 1—1—27 所示。

②更换变速箱滤油器滤芯。

③检查和调整发动机气门间隙，如图 1—1—28 所示。

图 1—1—27 更换发动机燃油滤清器滤芯

图 1—1—28 检查和调整发动机气门间隙

2）清洗、更换机油滤清器，如图 1—1—29 所示。更换发动机机油，如图 1—1—30 所示。清洗变速箱油滤清器，如图 1—1—31 所示。

图 1—1—29 清洗、更换机油滤清器

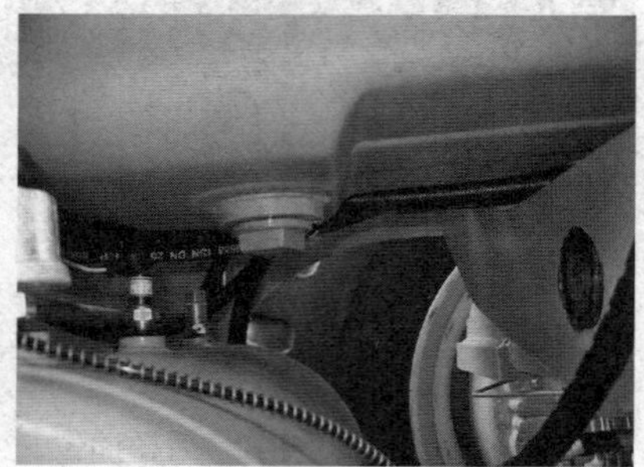

图 1—1—30 更换发动机机油

图 1—1—31 清洗变速箱油滤清器

3）测量和添加蓄电池液并清洗蓄电池表面，接头处涂薄层凡士林。

4）检查工作装置，前、后车架，副车架的各受力焊缝是否有裂缝，固定螺栓是否松动，紧固轮毂螺母。

5）检查制动盘、制动钳摩擦片的磨损情况，对制动系统进行放气，如图1—1—32所示。

图1—1—32　检查制动盘、制动钳摩擦片磨损情况

6）调整风扇传动带的张紧度。在发电机带轮和风扇传动带中间位置用手指压下（约60 N的力），传动带张紧的正常挠度约为10 mm。在调整传动带张紧度后，拧紧锁紧螺栓和螺母。

7）在铲斗销、铲斗连杆销、动臂销、摇臂销、铲斗缸销、提升缸销、提升臂销、转向缸销等处加注润滑脂。

（4）每500 h维护保养作业（同时应进行每50、100、250 h的维护保养）

1）变速箱更换新油，清洗油底壳过滤网，如图1—1—33所示。

a）

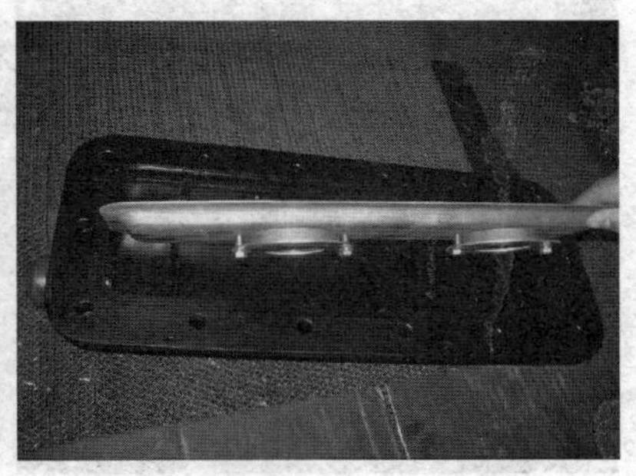

b）

图1—1—33　变速箱油底壳的保养

a）变速箱更换新油　b）清洗油底壳过滤网

2）紧固前、后桥与车架的连接螺栓。

3）检查、调整驻车制动间隙（即制动钳与制动鼓的磨损情况），如图1—1—34所示。

4）更换柴油机机油。

5）在主传动轴和前、后传动轴的润滑点加注润滑脂。

6）检查盘式制动器的磨损。如果制动垫磨损超出极限值，会造成制动不灵，这是非常危险的。因此，当制动垫磨损接近极限时，需要增加检查次数，缩短检查间隔时间。

（5）每1 000 h维护保养（同时应进行每50、100、250、500 h维护保养）

1）更换前、后桥齿轮油。

2）更换液压系统的液压油，清洗油箱、油箱滤油器，检查吸油管，如图1—1—35所示；清洗变速箱、变矩器通气口。

3）清洗并检查制动加力泵，更换制动液；顶起车架，转动车轮，检查其制动灵敏性。

4）清洗柴油箱滤油器。

5）在铰接销、前传动轴、后传动轴、主传动轴、驻车制动钳等处加注润滑脂。

6）调整涡轮增压器的叶轮间隙，紧固涡轮增压器各种紧固件。

图 1—1—34　检查驻车制动钳与制动鼓的磨损情况

图 1—1—35　更换液压油，清洗油箱、油箱滤清器，检查吸油管

（6）每 2 000 h 维护保养作业（同时应进行每 50、100、250、500、1 000 h 维护保养）

1）按柴油机说明书对发动机进行检修。

2）对变矩器、变速箱进行检修。

3）对前桥、后桥、差速器、轮边减速器进行解体检查。

4）对转向机、转向阀等进行解体检查，并校正转向角度。

5）通过工作油缸的油液自然下降量，检查多路阀、工作油缸的密封性，并测量系统工作压力。如果下降量超过规定值的 1 倍，应解体检查油缸和分配阀。

6）检查工作装置、车架各处的焊缝是否有裂纹，以及螺栓、螺母的固定情况。

7）检查轮辋焊缝以及各受力部位是否有裂纹，并校正轮辋的变形。

三、特殊环境下的保养

在冬季保养过程中，装载机经常会出现防冻液进入机油、散热器漏水等多种问题。同时，在进入严冬前对装载机必须更换相应的柴油和润滑油。因此，在开展冬季保养之前应充分做好各项准备工作。

1. 选择优质防冻液

衡量防冻液质量主要有两个指标：一是冰点，普通型防冻液的冰点可达到 -40℃，而优质防冻液的冰点能达到 -60℃；二是沸点，防冻液的沸点应至少达到 108℃。防冻液的防腐、防锈性能也很重要，这直接关系到设备冷却系统的使用寿命。另外，还要考虑防冻液的防结垢性。65% 以上设备冷却系统都有水垢和铁锈，严重影响冷却系统的散热功能。因此，在更换防冻液前，最好先将散热器中的水垢及锈点清理干净。

因为防冻液使用一年后，其各项批标已达不到原有的护理要求，所以一般情况下防冻液每年更换一次。不同型号的防冻液不能混用，以免混合而引起化学反应、沉淀或产生气泡。

2. 检查水泵

在更换防冻液后，有些设备会出现机油内有防冻液的现象。这是因为水泵密封件老化、失效，造成防冻液通过密封件进入润滑腔，最终到达油底壳内。因此，更换防冻液后应密切观察机油油位。如果发现油位升高，应停机检查，更换水泵密封件或水泵总成。

修复后要在装载机空载怠速运转下，用新机油带走发动机润滑系统中残留的防冻液。同时，缩短更换机油的间隔时间，以确保发动机润滑系统正常发挥功效。

3. 检查冷却系统防腐滤芯

冷却系统防腐滤芯含有离子交换树脂、防蚀剂、镁板等，可以有效地保护有关部件。离子交换树脂可防止水垢的形成。防蚀剂可以在冷却液套中形成防蚀膜，以防止氧化。因为镁的金属活性比铁强，所以冷却液中的腐蚀性离子首先与镁板发生反应，有效防止铁被腐蚀。另外，防腐滤芯还能过滤铁锈、水垢和泥沙。

防腐滤芯应在第 1 000 h（发动机工作时间）更换，确保其起到有效的保护作用。建议防腐滤芯与防冻液同期更换。

4. 维护燃油油路

（1）正常选用燃油

柴油要根据当地气温及柴油的冷滤点和凝点进行合理的选用。

（2）维护好燃油油路

彻底清洗油水分离器，使其外表干净；检查排污标志，及时排放杂质；对无法清洗干净的油水分离器，应更换。清洗柴油箱，将其底部的沉淀物清除干净。更换雾化不良的喷油嘴。校验工作情况不良的喷油油泵，确保正常工作。

5. 选用润滑油

润滑油应根据当地气温及润滑油的凝点、倾点和黏度进行合理的选用。凝点高的润滑油不能在低温下使用。反之，在气温较高的地区则没有必要使用凝点低的润滑油。凝点和倾点都是润滑油低温流动性的指标，两者无原则性的区别，只是测定方法稍有不同。同一润滑油的凝点和倾点并不完全相同，一般倾点比凝点高 2 ~ 3℃。

6. 检修设备“三漏”

安装在液压系统、气路、水路的密封件易发生热胀冷缩的现象，尤其是橡胶类 O 形圈、矩形圈等热胀冷缩现象表现更明显。气温持续低于 0℃时，特别是气温持续接近 -10℃时，装载机较易出现“漏油、漏气、漏水”现象。在进入冬季前，要对装载机整机“三漏”情况进行全面检修，排除“三漏”故障或隐患。

7. 检修电气设备

老化设备在冬季易出现起动困难的问题。因此，换季保养时检查并及时更换老化的电气线路和部件，可以减少起动困难故障的发生，同时还需彻底检查、保养蓄电池。

暖风设备是冬季户外作业必不可少的，因此在严冬之前应检查暖风设备工作情况，并及时修复。

知识拓展

装载机常用液压油及加油量、加油部位见表 1–1–2。

表 1—1—2　　装载机常用液压油及加油量、加油部位

种类	名称、牌号		加油量	加油部件	产品型号、厂家	备注
	夏季	冬季				
燃油	0#、10# 轻柴油	10#、35# 轻柴油	350 L	燃油箱		
发动机机油	API CH—4/SG 15W/40 柴机油		33 L	发动机油底壳	加德士	QSM11
变速箱油			64 L	ZF 变速箱		4WG310
液压油	API CD/SF SAE10W		340 L	工作液压油箱	美孚 10W 工程液压油	

续表

种类	名称、牌号		加油量	加油部件	产品型号、厂家	备注
	夏季	冬季				
ZF 齿轮油	API GL—5 SAE85W—90（带生物添加剂）		54 L/ 根	桥主传动及轮边减速器	上海得斯	MT—L3125II/ MT—L3115II
润滑脂	GB/T5671—1995（1#、2#）锂基脂		4 kg	电动油脂泵		手动注油可采用 2#、3# 润滑脂
防冻液			65 L	水箱	弗列加 CC8996	

课题 2　装载机各系统的检查与维护

学习目标

1. 了解装载机各系统的检查与维护项目。
2. 理解装载机各系统的检查与维护项目的注意事项。
3. 掌握装载机各系统的检查与维护项目内容。

一、动力系统的检查与维护

1. 柴油机起动时的检查与维护

（1）柴油机起动前应检查冷却液、燃油、机油、柴油的液面高度是否符合要求。

（2）柴油机起动时，装载机的变速挡必须处于空挡位置。

（3）正常状态下，打开总开关，按下起动按钮，柴油机即起动运转。冬季起动装载机时，可先按一下预热开关，以加快柴油机起动。起动时，起动机的啮合时间每次不得超过 15 s，连续起动间隔须超过 2 min；连续三次不能起动，应切断电路，待查明原因、排除故障后再起动。

（4）起动后应使柴油机保持怠速运转，检查各仪表指示读数是否正常。机油压力应为 0.8 ~ 5.5 MPa。如果机油压力低，应停机并查明原因，排除故障。装载机应怠速暖车，待冷却液的温度达到 65℃以上，机油压力达到规定压力范围，压缩空气储存压力达到规定值后，才能起步运行。

2. 柴油机使用时的检查与维护

（1）柴油机不允许长时间在低温、低速状态下运转。

（2）冷却系统中不允许有空气。膨胀水箱应给水蒸气、高压气体留有足够的膨胀空间。检查膨胀水箱限压阀是否失效，如果其有“三漏”现象，应及时排除故障。

（3）柴油机运转期间，应随时检查油压、水温等是否正常，是否有不正常的噪声或振动，是否有故障码产生。

（4）装载机在夏季或热带地区工作时，应避免冷却系统过热；要经常检查冷却系统传动带的松紧度，防止传动带因松弛而打滑，影响冷却效果。

（5）如果装载机水箱沸腾（俗称“开锅”），此时不允许立即停止柴油机运转或直接加注冷却液，而应使柴油机继续怠速运行几分钟，待冷却液的温度下降至合适程度，才可以停机；否则，冷却系统温度变化过快，柴油机容易出现机体开裂、“拉缸”等故障。然后，检查“开锅”是否由气阻等原因造成。

3. 柴油机停机时的检查与维护

（1）柴油机停机前必须怠速运转 3 ~ 5 min，使柴油机均匀冷却下来，再断油停机。如果在柴油机高速运转状态下停机，增压器由于惯性还将高速［转速为（8 ~ 11）× 10^4 r/min］运转一段时间，而增压器轴承和密封环润滑表面的机油因为柴油机停机而早已流回油底壳，它们就会因为干摩擦而损坏。

（2）柴油机停机后应及时切断总开关，以防止发电机励磁线圈因蓄电池放电而烧坏。然后，放净油水分离器的污水和杂质。

（3）在严寒地区或冬季（环境温度低于冷冻液的冰点温度），装载机的柴油机停机时，如果冷却液中未添加防冻液，应打开柴油机机体、水泵、机油冷却器、水箱下水室及变矩器油冷却器的放水开关，把冷却液排放干净，以免零部件被冻裂。

4. 柴油机检查与维护的注意事项

（1）如果冷却液中有机油或柴油机油底壳中含水，除了检查柴油机外，还应检查水箱、机油冷却器芯是否破裂。

（2）使用中要经常检查风扇的固定螺钉是否松动。

（3）冷却液一般采用自来水、经过澄清的河水或经过软化处理的井水。因为井水含有较多的矿物质，易使柴油机的冷却液箱产生水垢，影响冷却效果，而使柴油机发生故障，所以不宜采用。

（4）在停机 5 min 后，必须检查柴油机机油液面高度。机油液面不允许超过极限高度线（机油不允许多加）；否则，会造成发动机喷油、动力不足等系列故障。带负荷工作的

柴油机在停机前，必须先减荷降速，怠速时间不小于 5 min。

（5）柴油机刚停机时，液压油与发动机、散热器里的油和水的温度还很高，仍保持一定的压力。此时，不允许以下行为：打开油箱盖、散热器盖；倒油、倒水；更换过滤器等。否则，可能导致严重烧伤。必须等候温度下降且遵守规定的操作程序。

为防止高热液体喷出，应先关闭发动机，使冷却液降温。检查冷却液温度时，可把手靠近散热器的前面，感受其周边空气的热度。注意：手不要直接触碰散热器，以免造成烫伤。如果散热器温度降下来，应缓慢地松开盖子，以释放压力。

（6）柴油机处于热机状态时，禁止触碰发动机体、消音器、排气尾管、继电器等处，禁止拆除发动机油温传感器、水温传感器、变矩器传感器及空调水管，以免造成烫伤。

5. 柴油机定期保养

为了保证柴油机的使用性能，延长其使用寿命，应根据装载机的行驶里程对柴油机进行定期保养，使柴油机保持最佳的工作状态，以保证它的使用安全。柴油机定期保养的内容具体见表 1—2—1。

表 1—2—1　　柴油机定期保养的内容

检查项目	检查周期					
	每 10 h	每 50 h	每 100 h	每 300 h	每 500 h	每 1 000 h
发动机油的油量、污染	●	△	◇初次 150 h	◇（带有涡轮增压器的发动机每 200 h 1 次）		
散热器的水量	●					
燃油箱（燃油量）	●				◇、△	
空气滤清器的滤芯	●	必要时清扫滤芯，使用达一年时应更换				
排出燃油滤清器中杂物和清扫滤芯				◇（每 150 h）		
机油粗滤器				●（每 150 h）	△（每 600 h）	
风扇传动带的张紧力	●				△（每 600 h）	
气缸盖螺栓的紧固程度						●（每 1 200 h）
气门间隙				●（每 300 h）		
喷油时间						●（每 1 200 h）
喷嘴的喷雾状态						●（每 1 200 h）
气缸压缩压力						●（每 1 200 h）

续表

检查项目	检查周期					
	每 10 h	每 50 h	每 100 h	每 300 h	每 500 h	每 1 000 h
将润滑油供给到喷油泵及调速器体内						◇（每 1 200 h）
涡轮增压器转子的间隙和旋转情况						●（每 1 200 h）
各部位的紧固螺栓					●（每 600 h）	
排气状态	●					
水泵及风扇的轴承		润滑脂★				
油门踏板的动作状态	●					

注：●代表检查，★代表补给，◇代表更换，△代表清扫。

二、传动系统的检查与维护

传动系统由液力变矩器，变速箱，液力变矩器变速箱油路系统，传动轴，前、后驱动桥和车轮等组成。

1. 变矩器、变速箱的检查与维护

（1）行驶前的准备与维护

变速箱运行前，必须按照规定检查变速箱油位，油液不足时按照规定的润滑油规格加入适量的润滑油。变速箱初次加入润滑油时，必须保证散热器、过滤器及连接管路里注满油液。因此，首次加入的油量应多于后续正常维护与保养时加入的油量。

在车辆处于静止状态时，由于装载机上的变矩器油液会经散热器、油管回流至变速箱，所以应在停车挂空挡、发动机怠速、变速箱处于正常的油温时对油位进行控制，保证正确的油位。通过变速箱右侧的检油开关检查变速箱油位时，发动机应怠速运转（约 700 r/min），油温应在正常工作温度。

（2）行驶与换挡

起动发动机前，必须确认换挡手柄是在空挡位置。

为了保证安全，起动发动机前驻车制动器应处于制动状态，保证装载机不会因为发动机起动而起步移动。在发动机起动后、装载机行驶前，驾驶员应先解除驻车制动，选择好行驶方向和挡位，缓慢踏下油门踏板，使装载机平稳起步。

装载机行驶时，变矩器取代主离合器的功能。当装载机停止行驶而发动机仍然运转、变速箱挡位置于空挡时，如果装载机位于平直路面上，其可能会发生“爬行”现象。避

免装载机“爬行”的正确处理方法是：每次停车时，将驻车制动器放置于制动位置。

装载机行驶时，必须松开驻车制动器。变速箱变速时，由于变矩器的输出扭矩比较大，因此装载机能够克服驻车制动器的制动扭矩而强行行驶。这会导致变矩器油温升高，驻车制动器过热，甚至造成车轮制动钳过度磨损。

（3）临时停车与长时间停车

当装载机停机后，驾驶员应将操纵手柄放置在空挡位置，并立即按下驻车制动按钮，使装载机制动。因为发动机与变矩器输出轴之间是非刚性连接，所以当装载机停在坡道上而驾驶员离开车辆时，为了防止其出现“滑坡”现象，既要使用驻车制动器制动，又要在可能滑动方向的车轮下放置阻动块（如石块或角木等）辅助制动。在平地上车辆较长时间停车时，也应该使用阻动块抵住车轮，以确保装载机停放的安全。

装载机停车后，不允许发动机与变矩器长时间地低速运转。

（4）油量及油压

1）变矩器油温。变矩器油温可以通过油温表进行监控。其正常工作温度为80～110℃，在承受重负载时其油温允许短时间内上升到120℃。

在正常操纵下，变矩器油温不应超过110℃。如果变矩器油温超过了110℃，装载机运行必须停止，检查是否有油液泄漏。如果在变速箱挂空挡且发动机以1 200～1 500 r/min的转速运转2～3 min后，变矩器油温迅速下降到正常温度，则说明系统正常。否则，可以判断系统有故障，必须停机检查，待排除故障后装载机才能继续运行。

2）变速器控制油压。变矩器进、出口压力在出厂前已调好，进口压力为0.30～0.45 MPa，出口压力为0.20～0.30 MPa。换挡时，变速器正常的控制油压为1.08～1.47 MPa。如果变速器挂在某个挡位上，连接离合器后，变矩器的压力下降到规定的最低压力以下（换挡瞬间压力会暂时自行下降），应立即排查造成变矩器控制油压下降的原因，然后排除故障。变速箱离合器工作压力不正常，一般由变速油泵渗漏、变速分配阀卡死等原因引起。如果变速器控制油压过低，会使离合器缺乏足够的接触压力，造成摩擦片持续不断地打滑，引起过热，导致离合器损坏。

（5）换油

必须按照规定的周期换油。换油时，必须将车辆停放在平坦的地方，起动发动机，使变速箱油温达到60℃以上，拧开变速箱及液压油散热器放油塞，排净变速箱及液压油散热器中的旧油。然后，擦干净放油塞及壳体密封面，连同新的密封圈一起安装好。同时，更换变速油过滤器后，加注新油到规定油位。在定期保养检查过程中，如果发现油变质或混有杂质时，应立即清洗、检查，并换上规定牌号的新油。

2. 传动轴的检查与维护

前、后驱动桥的传动轴叉与万向节用螺栓固定连接，其结构特点是拆装方便、使用可靠。由于传动轴经过动平衡，因此拆卸传动轴时应注意万向节的相对位置，要保证传动轴两端的万向节叉在同一平面内，应按平衡时所记载的箭头方向进行装配。万向节总成与传动轴叉装配后应能自由转动，不应有卡滞的现象。

万向节滚针轴承内的滚针数目不可随意增减，应按规定周期向万向节滚针轴承注入润滑脂。传动轴的连接螺栓由合金钢制成，拆卸时不要与其他螺栓混用，更不得随意用其他螺栓代替。

3. 驱动桥的检查与维护

在使用中，驱动桥的零部件能否发挥正常功用，与其是否合理使用及维护、保养有直接关系。

（1）检查与驱动桥的连接

在正常使用中应经常检查螺母是否松动，及时紧固。当采用球面轮辋螺母时，应检查螺母球面与轮辋球窝是否吻合，应确认压实，连接牢靠。轮辋螺母的拧紧力矩为500～585 N·m。紧固一组轮辋螺母时，必须对称、均匀地拧紧。

要定期检查并紧固轮辋、制动钳的固定螺栓。定期检查制动盘、制动钳摩擦片的磨损情况，如果制动摩擦片磨损至最大极限标记，应及时更换。

（2）检查前、后驱动桥的油量

驱动桥需要定期检查前、后桥油量。当油量不足时，应该补充油液。旋开左、右轮边加油螺塞和主传动加油塞，按照轮边减速器上指示的向下箭头方向进行注油，直至油位达到加油螺塞塞口的位置。然后，旋紧螺塞。

4. 传动系统的定期保养

装载机传动系统定期保养的内容具体见表 1—2—2。

表 1—2—2　　传动系统定期保养的内容

检查项目	检查周期					
	每 10 h	每 50 h	每 100 h	每 250 h	每 500 h	每 1 000 h
液力变矩器、变速箱的油量	●			◇（仅是初次）		
传动轴螺栓的紧固程度	●			●（润滑脂）		
驱动桥桥壳的通气孔					△	
差速器油的更换				◇（仅是初次）		◇（每 2 000 h）
主减速器油的更换				◇（仅是初次）		◇（每 2 000 h）
变速箱粗过滤网					★	

续表

检查项目	检查周期					
	每 10 h	每 50 h	每 100 h	每 250 h	每 500 h	每 1 000 h
管路滤清器的滤芯					◇	
轮胎的损坏、气压	●					
变速杆挂挡情况	●					

三、工作装置与液压系统的检查与维护

1. 工作装置与液压系统检查与维护的方法

（1）检修液压系统之前要锁定油缸和其他液压装置，冷却液压油，释放液压系统的压力。

（2）不允许弯曲或敲击高压管路，不允许将非正常折弯的或损坏了的硬管或软管装在装载机的液压系统上。

（3）任何松动或损坏的液压系统管路（包括硬管和软管）都会造成油液泄漏，从而引起火灾，必须及时修理或更换。

仔细检查管路，按规定扭矩拧紧所有接头。检查泄漏时，不要用裸手，而要使用木板或纸板。即使针孔大小的压力液体泄漏都可能穿透肌肉，造成人身伤害。如果压力液体射到皮肤上，应及时由专业的外科医生来处理。如果检查中发现下列问题，应对有问题的管路进行更换。

1）接头损坏或泄漏。

2）软管外层磨损或割裂，加强层钢丝裸露。

3）软管局部隆起。

4）软管有明显的扭转或压扁。

5）软管加强层钢丝嵌入外层。

6）端接头错位。

（4）确保所有管夹、护板和防热盖安装正确，以避免其振动或与其他零件摩擦而过热。

（5）更换液压系统用油及滤清器等零部件时应选用合适的容器盛放油液。废液处理应遵守环保法律、法规的相关规定。

（6）如果分配阀的工作压力不等于 16 MPa，应对其进行调整。调整方法如下：

1）拧下分配阀上的测压螺塞，接上压力表。

2）起动发动机，并将转速控制在 1 800 r/min 左右。

3）使铲斗滑阀的阀芯处于中间位置，将动臂提升到最高位置。

4）调节安全阀的调压丝杆，使压力表读数为 16 MPa。

（7）应保持装载机工作油液的清洁。因此，装载机整机每使用半年（或 1 000 h），应更换新油。更换新油的方法如下：

1）应在油温未降低前放出废油，以便把灰尘和沉淀物一起放出。

2）操纵铲斗上翻，并将动臂提升到最高位置，关闭发动机；然后，利用铲斗的自重使其下翻，并使动臂下降，从而让油缸彻底排油。

3）旋开油箱螺栓，卸去法兰，并拆掉动臂、铲斗油缸的软管，排净污油，清洗油箱及滤油器。

4）加入新油后，应操纵动臂和铲斗连续动作数次，以排出液压系统内的空气。

（8）拆装液压元件时必须保证作业场所清洁，以防灰尘、污垢、杂物落入元件中。

（9）维修后重新装配液压元件时，必须检查原有的橡胶油封、O 形圈、垫片等。如果发现上述密封件存在变形、老化、缺口、划伤等现象，必须更换，避免影响液压系统的密封性。

2. 液压系统检查与维护的注意事项

（1）液压系统必须按润滑表的规定使用高品质、清洁的液压油。

（2）液压元件在装配时不得敲打、撞击，以免零件损坏。

3. 工作装置和液压系统定期保养

装载机的工作装置和转向液压系统定期保养的内容分别见表 1—2—3、表 1—2—4。

表 1—2—3 工作装置定期保养的内容

检查项目	检查周期					
	每 10 h	每 50 h	每 100 h	每 250 h	每 500 h	每 1 000 h
工作装置操纵杆的间隙、动作状态	●				●润滑脂	
动臂、铲斗的损坏	●					
铲斗齿、切削刃等的磨损状态	●					
油缸的污垢、损坏	●					
工作油箱的油量		●（杂物排出）		●、★		◇（每 2 000 h）
工作油箱的滤油器						◇
润滑脂供给			★			

表 1—2—4　　　　转向液压系统定期保养的内容

检查项目	检查周期					
	每 10 h	每 50 h	每 100 h	每 250 h	每 500 h	每 1 000 h
转向油缸的动作状态	●		★（润滑脂）			
动力转向装置橡胶管						每 4 年
方向盘的松动、间隙	●					
车架铰接中心销			★（润滑脂）			

四、制动系统的检查与维护

制动系统用于装载机行驶时降速或停止，以及装载机在平地或坡道上较长时间的停车。装载机的制动系统一般有两个：行车制动系统、紧急和驻车制动系统。

1. 制动性能检验

制动系统的制动性能关系着装载机运动的安全性和效率。经过拆修的制动系统应检验制动性能是否处于良好状态。在平直、干燥的水泥路面上，装载机以 24 km/h 的速度行驶，行车制动时，其制动距离不大于 9 m；以 30 km/h 速度行驶，点式制动，装载机应迅速制动，且不跑偏。

2. 检查与维护

（1）清洁

清洁制动器能更好地发挥其制动效能，尽早发现系统的故障。

（2）检查

经常检查行车制动系统有无泄漏，各种接头、连接部分有无松动，总泵液面是否正常，管路是否畅通、无泄漏，橡胶零件是否老化、变质。

3. 制动系统定期保养

装载机制动系统定期保养的内容具体见表 1—2—5。

表 1—2—5　　　　制动系统定期保养的内容

检查项目	检查周期					
	每 10 h	每 50 h	每 100 h	每 250 h	每 500 h	每 1 000 h
制动器管道损坏、松弛	●					
制动油量、漏油状况	●					

续表

检查项目	检查周期					
	每 10 h	每 50 h	每 100 h	每 250 h	每 500 h	每 1 000 h
制动动作状态	●					
制动踏板的效果、间隙	●					
制动摩擦片的磨损状况		●				
盘式制动器螺栓的松动			●			
驻车制动效果及定位情况	●					
驻车制动器摩擦片的磨损状况			●			
制动鼓的磨损状况				●		

五、电气系统的检查与维护

装载机电气系统的功用是起动发动机，以及向照明信号设备、仪表检测设备、电控设备和其他辅助设备供电，以保证装载机行车、作业安全。它由充电部分、起动部分、照明信号部分、监测显示部分、辅助部分等组成。装载机电气系统为 24V DC，单线制，负极搭铁。

1. 充电部分的检查与维护

充电部分主要由蓄电池、发电机、调节器等组成。

（1）蓄电池

装载机使用 2 只蓄电池串联，合上电源总开关后即可向全车供电。当蓄电池正常使用时，在工作过程中经常充电和放电，不需要拆下充、放电。只有蓄电池长期停止使用时，应将其卸下，每月至少充电一次。冬季每隔 10 ~ 15 天，夏季每隔 5 ~ 6 天，应检查蓄电池液面一次，并检查蓄电池有无损坏。同时，要保持蓄电池外部清洁。蓄电池上不可以放置任何金属物品，以免发生短路。不要用旋具或导线在蓄电池的极柱上用短路火花法来检查蓄电池是否有电，以免瞬间电流过大，损坏蓄电池。蓄电池安装到蓄电池箱后，必须牢固固定，以免整车行驶时被颠簸碰坏。连接电缆和蓄电池接线柱必须保持紧密接触。

（2）发电机

硅整流交流发电机由发动机驱动。在发动机正常工作转速范围内，装载机上所有的用电设备主要靠发电机供电。当蓄电池电量不足时，发电机负责向其充电，将多余的电能转换为化学能储藏起来，以备下次使用。

（3）调节器

根据产品型号不同，不同的发动机配置不同的发电机。调节器属于发电机配套装置。调节器分为外置式（机械和晶体管调节器）、内置式（集成电路）。调节器用来调节发电机输出电压的大小，具有自动调整发电机励磁电流大小、稳定发电机输出电压的功能。

2. 起动部分的检查与维护

起动部分主要由点火开关、电源总开关、起动电动机等组成。起动时，驾驶员将点火开关置于“ON”，电源总开关工作，再将点火开关置于“START”，起动电动机工作，带动发动机飞轮旋转。起动发动机时，起动时间不要超过10 s；如果需要连续起动，则起动间隔大于3 min。严禁在发动机未完全停转下，再次起动发动机。

每次起动装载机之前，应检查连线是否松动、脱落，蓄电池电量是否足够，柴油机供油是否正常等。

3. 监测信号部分的检查与维护

仪表的作用是将装载机重要部位的工作状态参数及时地显示给驾驶员，使其随时了解整机的运行情况。一旦装载机有异常，驾驶员能够及时采取措施，防止人身和机械事故的发生，从而保证装载机在良好的状态下工作。

5 t装载机一般设置6块仪表：发动机油压表、发动机水温表、电压表、变矩器油温表、制动气压表、计时表。仪表均设有红、绿区。绿区为正常工作区域。当仪表指针指示在绿区时，装载机才可以行驶、工作。当仪表指针处于红区时，说明存在故障或出现了故障隐患，应立即停车检查和排除故障。另外，装载机还设置了报警指示灯组，适时提示左转向、右转向、充电、低气压、低油压报警。

4. 空调系统的检查与维护

由于装载机工作环境恶劣，容易造成空调冷凝器上堆积大量的尘土等污物。冷凝器积尘会直接导致制冷效果差，因此空调滤清器要按时更换。

（1）冷凝器的检测

停机，检查冷凝器表面及冷凝器与发动机冷却液箱之间是否有碎片、杂物、泥污，并进行清理和清洗。由于装载机的工作环境较为恶劣，经常导致冷凝器散热片堵塞，因此要经常清洗冷凝器表面。可用长毛刷沾水轻轻刷洗冷凝器，千万不要用高压水流冲洗，否则容易损坏散热片。检查冷凝器表面有无脱漆，注意及时补漆，以免锈蚀。检查冷凝器表面及管接头处（包括储液器接头处）有无油迹。如果有油迹，可用荧光剂判断是否有制冷剂泄漏。

（2）沿着制冷剂流动的方向用手触摸，如果同一条管道的不同位置存在明显的温差，说明发生温差处存在堵塞。还可以通过歧管压力表检查是否堵塞。如果表压指示高压较高，说明高压管道有堵塞。

（3）检查蒸发器

蒸发器一般位于装载机座椅后部或顶部，空间狭小而较难检查。每年开始使用空调之前应检查一次。检查蒸发器通道和箱体有无纸屑、杂物，可用压缩空气小心清理。要经常清洗蒸发器进风滤网。检查蒸发器壳体有无缝隙、霉味。如果有霉味，说明可能出现积水，造成隔热材料霉烂。检查蒸发器表面是否有油。如果有油迹，说明蒸发器可能有泄漏。

（4）检查压缩机

起动压缩机，进行下列检查：

1）开启空调时听到异常声响，可能的原因：压缩机的轴承、阀片或其他部件损坏；冷冻油的油量不正常；制冷剂量过多等。

2）用手触摸压缩机缸体（小心高压侧烫手），如果进、出口两端有明显温差，并且没有异常高温，说明工作正常。如果温差不明显，可能的原因：制冷剂泄漏；阀片损坏；密封垫损坏。如果出口侧异常热，可能的原因：高压过高；压缩机缺少冷冻油；冷冻油变质；内部零件损坏；制冷剂太多。如果进口侧温度过低，可能的原因：制冷剂太少；系统中有管路堵塞；鼓风机风量太小。如果有剧烈振动，可能的原因：传动带太紧；带轮偏斜；离合器过松；制冷剂太多。

3）检查轴向密封圈，有少量渗油属于正常现象。如果一直有油淌出，可能是轴向密封圈漏油，或O形圈损坏所造成。如果缸体结合面漏油，可能的原因：缸垫损坏；缸垫处有砂眼。

4）如果压缩机不能运转，应考虑以下原因：电路断路；离合器有故障；压缩机“咬死”；环境温度太低；制冷剂完全泄漏。

5. 暖风系统的检查与维护

暖风系统是以发动机为热源，利用发动机的冷却液与散热器串联，通过暖风机内的风扇，将热风吹出，利用风道将暖风吹到驾驶室内进行取暖，以改变驾驶员的工作环境。

注意事项：使用暖风机前，发动机应运转一段时间，当水温达到70℃时，再起动暖风机；当环境温度达到0℃时，应放掉管路及散热器中的水，以免结冰，使用防冻液除外；暖风长期不使用时，应将暖风热水开关关上。

6. 电气系统定期保养

装载机电气系统定期保养的内容具体见表1—2—6。

表 1—2—6　　电气系统定期保养的内容

检查项目		检查周期					
		每 10 h	每 50 h	每 100 h	每 250 h	每 500 h	每 1 000 h
蓄电池	电解液量		●				
	密度			●			
充电效果			●				
电气配线连接处的松弛程度							
仪表的动作、点灯状态、喇叭声音		●					
起动电动机、发动机的磨耗、污损					●		

7. 其他定期保养

装载机其他定期保养的内容具体见表 1—2—7。

表 1—2—7　　其他定期保养的内容

检查项目	检查周期					
	每 10 h	每 50 h	每 100 h	每 250 h	每 500 h	每 1 000 h
清扫车辆	●					
拧紧主要的紧固螺栓	●（每一次）		●			
各部位漏油的状况	●					
管道的损坏	●					
泵、阀的异响	●					
前日的异常处	●					

模块二 装载机传动系统的故障诊断与维修

课题 1　传动系统的结构组成与工作原理

学习目标

1. 熟悉传动系统的结构组成。
2. 掌握传动系统的工作原理。

装载机传动系统主要包括液力变矩器，动力换挡变速箱，前、后传动轴，前、后驱动桥等，如图 2—1—1、图 2—1—2 所示。

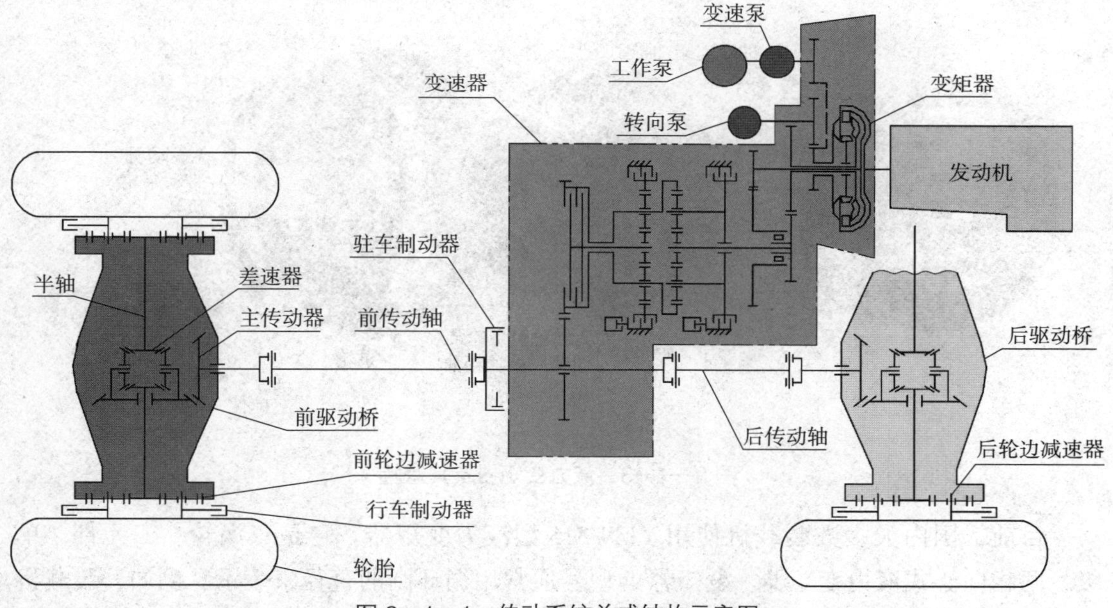

图 2—1—1　传动系统总成结构示意图

图 2—1—2　传动系统总成的立体图

传动系统的
组成及位置

一、液力变矩器的组成及工作原理

液力变矩器是以液体为工作介质的一种非刚性扭矩变换器。它有一个密闭工作腔，液体在腔内循环流动，其中泵轮、涡轮和导轮分别与输入轴、输出轴和壳体相连。发动机带动输入轴旋转时，液体从离心式泵轮流出，依次经过涡轮、导轮再返回泵轮，周而复始地循环流动，如图 2—1—3 所示。泵轮将输入轴的机械能传递给液体。高速液体推动涡轮旋转，将能量传给输出轴。液力变矩器靠液体与叶片相互作用产生动量矩的变化来传递扭矩。液力变矩器的固定导轮对液体起导流作用，使液力变矩器的输出扭矩可高于或低于输入扭矩。输出扭矩与输入扭矩的比值称为变矩系数。输出转速为零时，零速变矩系数通常为 2 ~ 6。变矩系数随输出转速的上升而下降。液力变矩器的输入轴与输出轴间靠液体联系，工作构件间没有刚性连接。

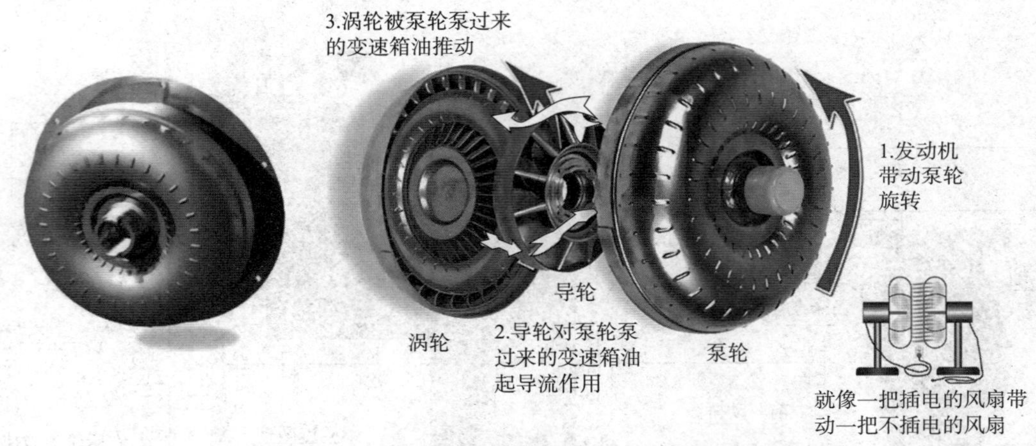

图 2—1—3　液力变矩器及其运转

目前，国内大多数装载机使用 YJSW315 型液力变矩器。它是双涡轮、四元件、单级、两相向心式液力变矩器。变矩器的型号通常用循环圆的直径来表示。例如，装载机常用的 YJSW315 型液力变矩器，315 即代表变矩器循环圆的直径为 315 mm。其结构及总成分别如图 2—1—4、图 2—1—5 所示。

1. 结构组成

（1）动力输入部分

发动机的动力路线：发动机飞轮→弹性板→罩轮→泵轮。柴油机飞轮和弹性板的外缘用双头螺柱连接；弹性板的内缘则用螺栓与罩轮相连；罩轮与泵轮之间用 O 形密封圈密封，并用较多的螺栓连接；罩轮和泵轮连接处用配合面定位，以保证泵轮与发动机曲轮的同心度。

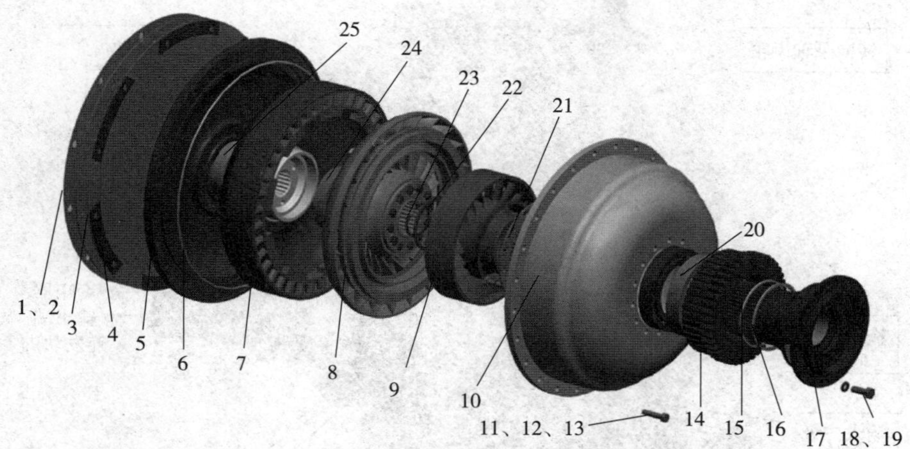

图 2—1—4　液力变矩器结构

1、2—圆垫板　3、4—弹性板　5—罩轮　6—O 形密封圈　7—一级涡轮总成　8—二级涡轮总成　9—导向轮　10—泵轮　11—螺栓　12—垫圈　13—螺母　14—分动齿轮　15、16—密封环　17—导轮座　18—螺栓　19—垫圈　20—轴承　21—垫片　22、23—挡圈　24、25—轴承

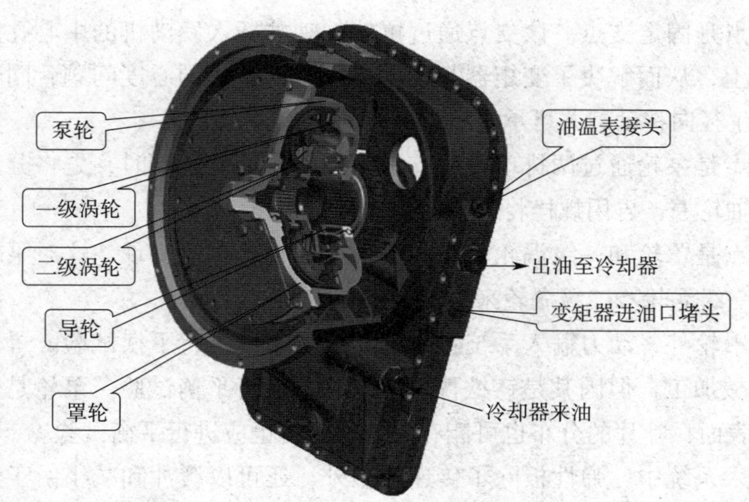

图 2—1—5　液力变矩器总成

为了使装载机工作装置液压系统、转向系统正常工作，要求发动机的一部分功率直接输出到工作油泵上。因此，在变矩器上设有取力接口，柴油机的一部分功率由罩轮、泵轮传给分动齿轮，再由与分动齿轮啮合的工作泵泵轴和转向泵泵轴传给齿轮泵，驱动油泵工作，如图 2—1—6 所示。

变矩器动力输入部分共有三个支点。

图 2—1—6　变矩器内部结构

第一个支点是固定支点。该支点通过罩轮的轴端插入发动机的中心孔内，将变矩器支承于发动机上，从而解决了变矩器与发动机曲轴旋转的同心度问题，同时也可防止变矩器工作轮发生径向移动，并可承受系统的径向负荷。

第二个支点是泵轮通过两排球轴承支承在导轮座上。装配时，先将分动齿轮支承在导轮座的两排轴轮上，再用螺栓将泵轮与分动齿轮相连。

第三个支点是罩轮和一级涡轮轮毂间用一个球轴承相互支承。这对泵轮系统来说是多余的，但对一级涡轮和二级涡轮来说却是一个必要的支承点。

除泵轮和罩轮外，动力输入系统各零件一般不需要进行平衡试验。罩轮的各个表面虽然进行了机械加工，但因其是铸铁件，所以它要进行平衡试验。泵轮是铝铸件，而且有许多非加工表面，叶片的分布也可能有误差，因此也应进行平衡试验。

在动力输入系统中，弹性板除了传递转矩外，还可以缓冲和减小由于偏心和膨胀等引起的附加载荷。除了作为动力的中间传递零件外，在变矩器中罩轮还与泵轮等一起构成循环圆的一部分。

（2）动力输出部分

YJSW315 型变矩器有两个涡轮，即一级涡轮和二级涡轮。其动力的输出比较复杂。变矩器的结构原理图如图 2—1—7 所示。

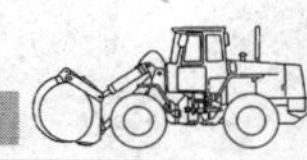

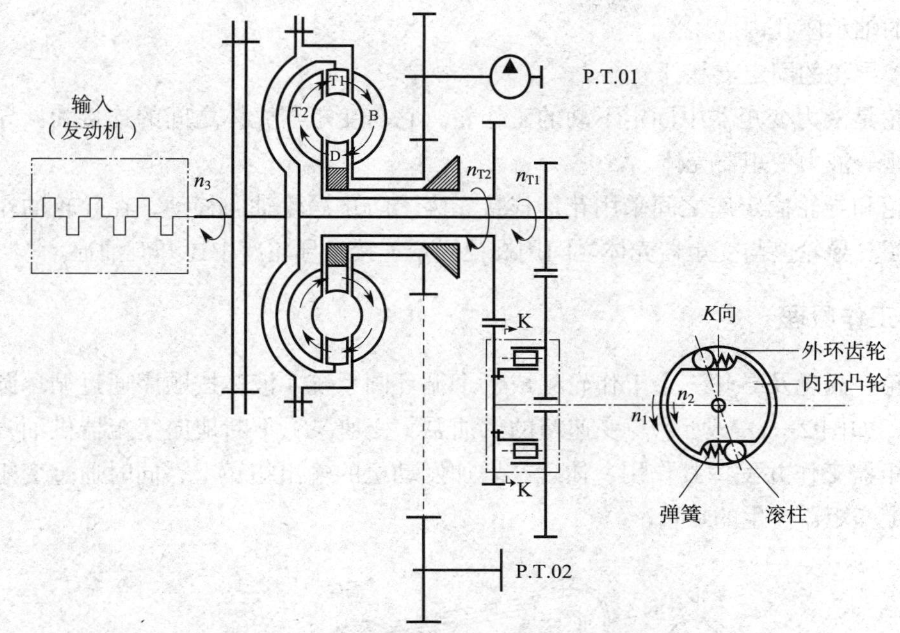

图 2—1—7　YJSW315 型变矩器的结构原理图

与双涡轮液力变矩器的涡轮相适应，动力输出部分采用两根输出轴，即一级涡轮输出轴和二级涡轮输出轴。这两根输出轴的输出齿轮分别与变速箱中的超越离合器的两个齿轮箱啮合，从而扩大了速度的变化范围。

当装载机在低速、重载工况下运行时，二级涡轮的转速较低，超越离合器的内环凸轮与外环齿轮处于楔紧状态。这时，一、二级涡轮实际上就像一个整体涡轮，一起发挥作用，以增大变矩器克服外界阻力的能力。此时，一级涡轮的传动路线为：一级涡轮→一级涡轮轮毂→一级涡轮输出轴→变速箱超越离合器。二级涡轮输出路线则为：二级涡轮→二级涡轮输出轴→变速箱超越离合器。

当装载机高速、轻载运行时，虽然一、二级涡轮的动力输出路线相同，但是由于内环凸轮的转速高于外环齿轮，外环齿轮处于空转状态。此时，只有二级涡轮输出动力，一级涡轮处于空转状态，对外无动力输出。

一、二级涡轮的轮毂与涡轮输出轴之间均采用花键连接。为使涡轮在涡轮轴上轴向固定，在二级涡轮轮毂的左侧装有一个轴用挡圈，并配有间隙调整片。在一级涡轮输出轴的右侧轴承座上也配有调整垫片，以保证间隙适宜。重新装配时，应特别注意该间隙的调整。

一级涡轮的输出轴通过两个球轴承支承，左端的球轴承安装在罩轮上的轴承座孔内，右端的球轴承安装在变速箱上的轴承座孔中；二级涡轮的输出轴也通过两个球轴承支承，左端的球轴承压装在二级涡轮轮毂中，并支承在一级涡轮的轮毂上，右端的球轴承支承在壳体的轴承座孔内。

（3）导轮的固定支承部分

导轮是液力变矩器中固定不动的工作轮。它与变矩器壳体之间的连接为：导轮→导轮固定座→液力变矩器壳体。

导轮和导轮固定座之间采用花键连接。为了防止涡轮轴向移动，在导轮的左端加了一个挡圈。导轮座与变矩器壳体之间用螺栓固定连接，导轮座中还开有油道。

2. 工作原理

泵轮、涡轮及导轮三个工作轮组成一个循环圆系统，液体按顺序通过循环圆系统进行流动，如图 2—1—8 所示。变速箱的供油泵（变速泵）不断地向变矩器供油，这样才能使变矩器工作并发挥其作用，体现在增加发动机的输出扭矩上；同时通过变矩器排出的油带走变矩器产生的热量。

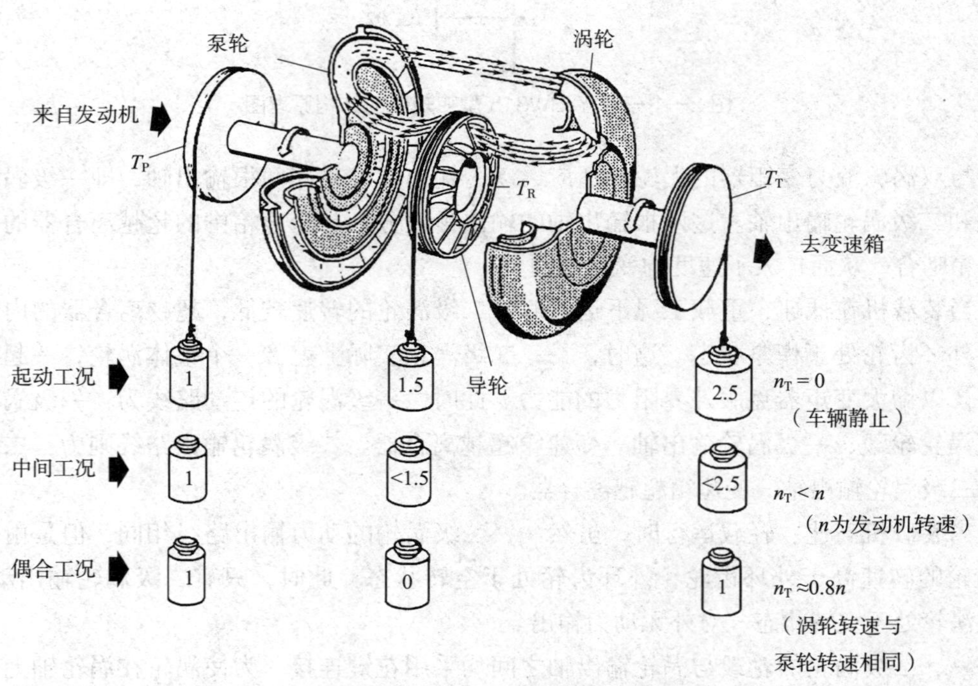

图 2—1—8　变矩器的工作原理

T_P—泵轮转矩　T_R—导轮转矩　T_T—涡轮转矩

当发动机带动泵轮高速旋转时，泵轮流道中的压力油在叶片的作用下，以一定的速度从叶片出口离开泵轮。由于压力油流入和流出叶片的绝对速度大小和方向发生变化，因此液流的动量矩发生变化。液流动量矩变化是发动机传给泵轮的转矩（T_p）通过叶片对液流作用的结果，此时机械能就转换成压力油的动能和液压能。从泵轮流出的高速液流

进入涡轮叶片间的流道，推动涡轮旋转。由于液流与叶片的相互作用，液流动量矩同样发生变化，一部分压力油的动能就转变为涡轮的机械能；而流入和流出涡轮叶片的那部分液流速度发生变化，引起液流动量矩的变化。由于涡轮叶片改变了液流的动量矩，使涡轮获得了来自液流作用的转矩（T_T）。由涡轮流出的液流进入导轮，导轮固定不动，液流在导轮内没有液能和机械能的转换。但是，由于导轮叶片的限制，流入和流出其叶片的液流的速度截然不同，液流的动量矩发生变化。动量矩发生变化使液流对导轮产生一个作用转矩（T_R）；液流从导轮流出后，再次流入泵轮、涡轮，从而构成液力变矩器充满油液的封闭工作循环，不断地实现能量转换和传递。根据动量矩守恒定律可知三个工作轮的转矩为：$T_T=T_P+T_R$。

涡轮及输出轴所得到的转矩大小取决于外界负载（通常是高速、轻载作业模式或低速、重载作业模式）。导轮的作用是将从涡轮流出的液流经其油道改变方向后再流入泵轮，因此导轮承受一个反作用转矩。涡轮转矩与泵轮转矩之比称为变矩比。通常变矩比随涡轮与泵轮之间的转速比的降低而增大。因此，最大的变矩比在涡轮不转（停止）时产生；随着输出转速的提高，变矩比会降低。通过变矩器，输出转速可做无级变化，驱动扭矩能自动适应所需要的负载扭矩的变化。当涡轮转速达到泵轮转速的 80% 时，变矩比接近 1，涡轮扭矩等于泵轮扭矩。

在液力变矩器的输入轴与输出轴之间没有直接的刚性连接。动力是通过液压油来传递的。液体能吸收和衰减传递动力时从柴油机或外界载荷传来的振动和冲击，从而对整个传动系统和柴油机起保护作用。

液力传动的工作原理：在变矩器的内部，工作油液是传递能量的介质。为防止油的气蚀现象，变矩器腔内必须时刻充满着油液。这个状态是由变矩器压力控制阀（开启压力为 0.3 MPa）来保证的。这个阀装在变矩器的出油油路上，以防止变矩器内部压力过低而产生气蚀，导致元件损坏。在变矩器的入口处配一个安全阀（开启压力为 0.5 ~ 0.6 MPa），以防止变矩器内部压力过高而损坏元件。变矩器内油路示意图如图 2—1—9 所示。从变矩器溢出的油直接进入油冷器，而从油冷器出来的油直接进入润滑油路，为各润滑点提供充足的冷却润滑油量。

二、动力换挡变速箱组成及工作原理

变速箱按换挡方式可分为人力换挡变速箱和动力换挡变速箱两种。人力换挡变速箱必须通过分离主离合器来切断发动机传递过来的动力，然后换挡。动力换挡变速箱是采用离合器将变速箱中的某两个换挡元件（如多片湿式离合器）结合，或采用制动器将某一个换挡元件制动而实现换挡，换挡时不需切断动力。

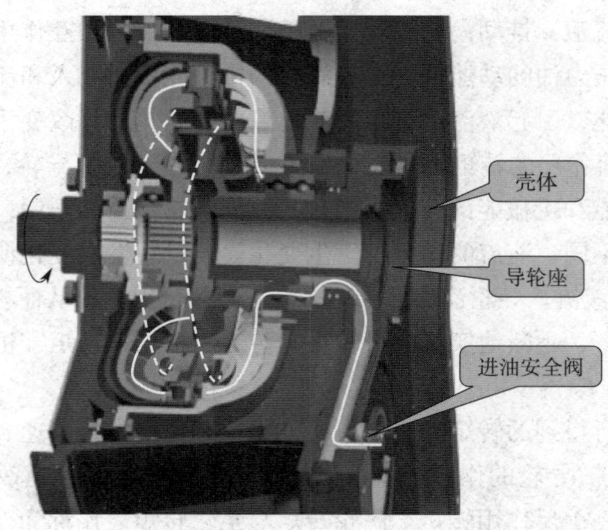

图 2—1—9 变矩器内油路示意图
——涡流 -------环流

动力换挡变速箱又可分为行星式和定轴式两种。定轴式动力换挡变速箱是将变速箱的换挡齿轮用离合器与其轴连接起来，通过离合器的分离、接合实现换挡。行星式动力换挡变速箱中有许多行星排，换挡动作主要靠制动器制动各行星排的齿圈实现。

1. 行星式动力换挡变速箱的结构组成及工作原理

以 2BS315A 型变速器总成为例介绍行星式动力换挡变速箱。

（1）结构与特点

2BS315A 型变速器总成用于 4、5 t 装载机传动系统。它由变矩器、变速箱两大部分组成。其中，变矩器采用单级、二相、四元件、双涡轮结构，型号为 YJSW315；变速箱采用液力动力换挡行星结构，可实现“二前、一倒、一空”四个挡位，型号为 2BS315A。

由于变矩器采用双涡轮结构，因此其具有以下特点：能够自动调节输出扭矩和转速；实现了由低速、重载模式到高速、轻载模式的自动过渡，减少了变速箱排挡数，简化了结构；变矩比大，高效区域宽；起动、换挡接合平稳，实现了无级变速，大大降低了换挡的劳动强度，提高了操作的舒适性。

2BS315A 型变速器总成具有结构简单紧凑、刚性大、传动效率高、操作简便可靠、齿轮及摩擦片离合器寿命长等优点。2BS315A 型变速器总成的结构、分解图和变速箱壳体、驱动齿轮的分解图如图 2—1—10、图 2—1—11、图 2—1—12、图 2—1—13 所示。

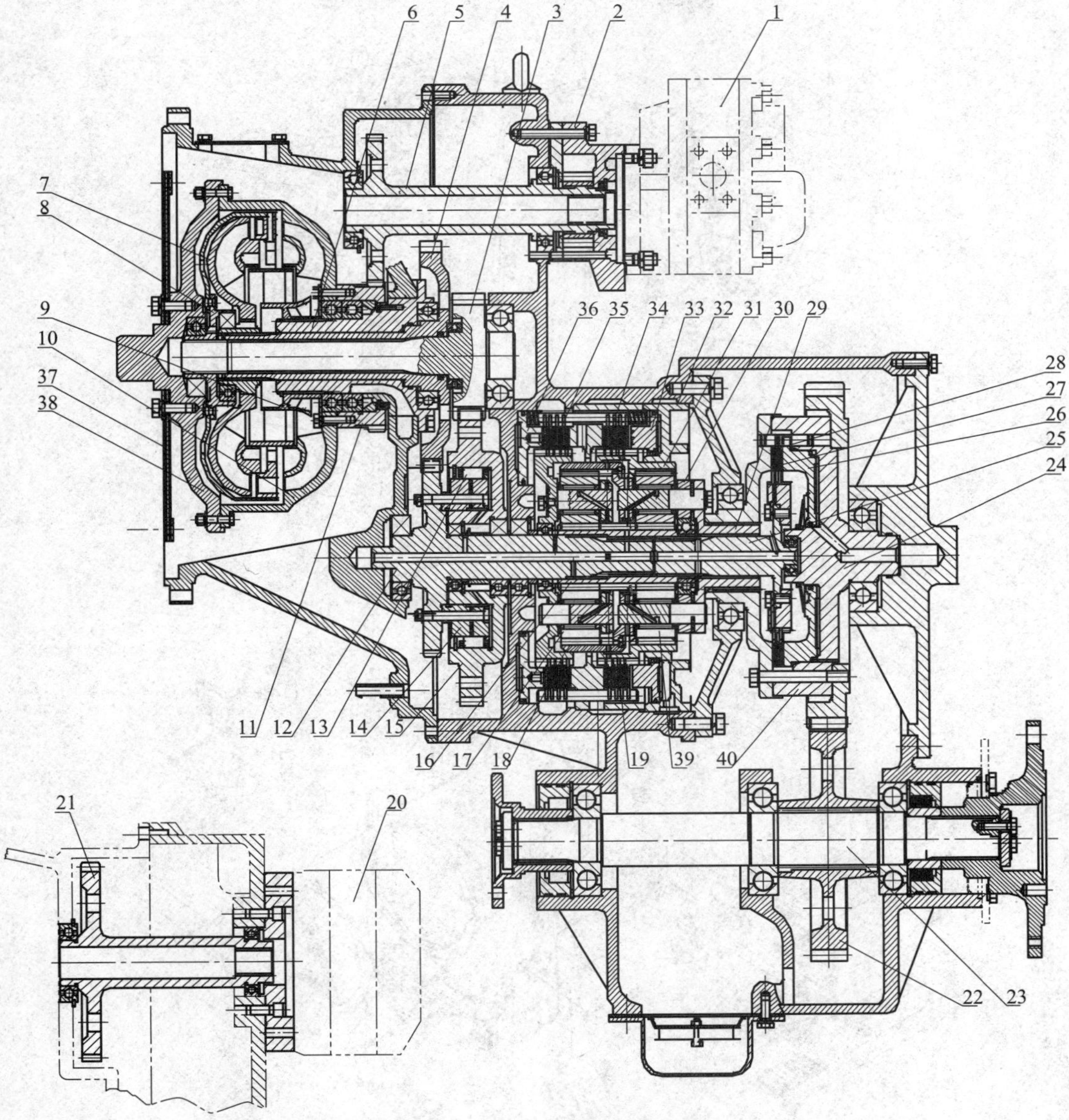

图 2—1—10　2BS315A 型变速器总成的结构

1—工作油泵　2—变速油泵　3—一级涡轮输出齿轮　4—二级涡轮输出齿轮　5—工作泵轴齿轮　6—导轮座　7—二级涡轮　8—一级涡轮　9—导轮　10—泵轮　11—分动齿轮　12—中间输入轴　13—超越离合器滚柱　14—超越离合器内环凸轮　15—超越离合器外环齿轮　16—太阳轮　17—倒挡行星轮　18—倒挡行星架　19—倒挡内齿圈　20—转向油泵　21—转向泵轴齿轮　22—输出轴齿轮　23—输出轴　24—直接挡输出齿轮　25—直接挡轴　26—直接挡活塞　27—Ⅱ挡摩擦片　28—直接挡受压盘　29—直接挡连接盘　30—Ⅰ挡行星架　31—Ⅰ挡内齿圈　32—Ⅰ挡油缸　33—Ⅰ挡活塞　34—Ⅰ挡摩擦片　35—倒挡摩擦片　36—倒挡活塞　37—弹性板　38—罩轮　39—Ⅰ挡行星轮　40—直接挡油缸

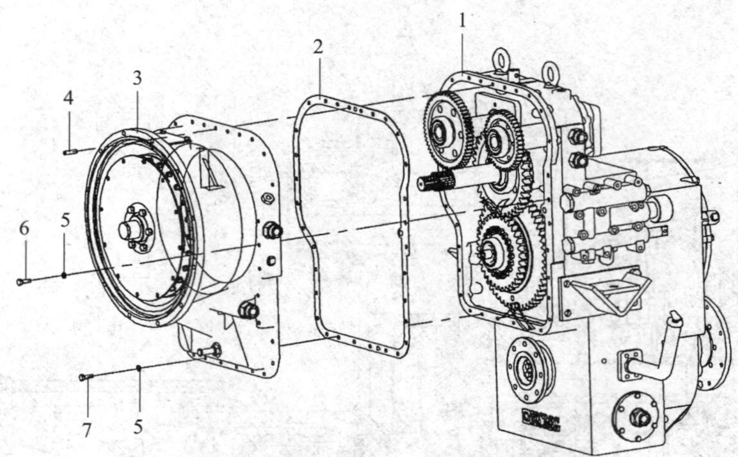

图 2—1—11 2BS315A 型变速器总成的分解图

1—变速箱 2—密封垫 3—变矩器 4—销（ϕ10） 5—垫圈（ϕ10）
6—螺栓（M10） 7—螺栓（M10）

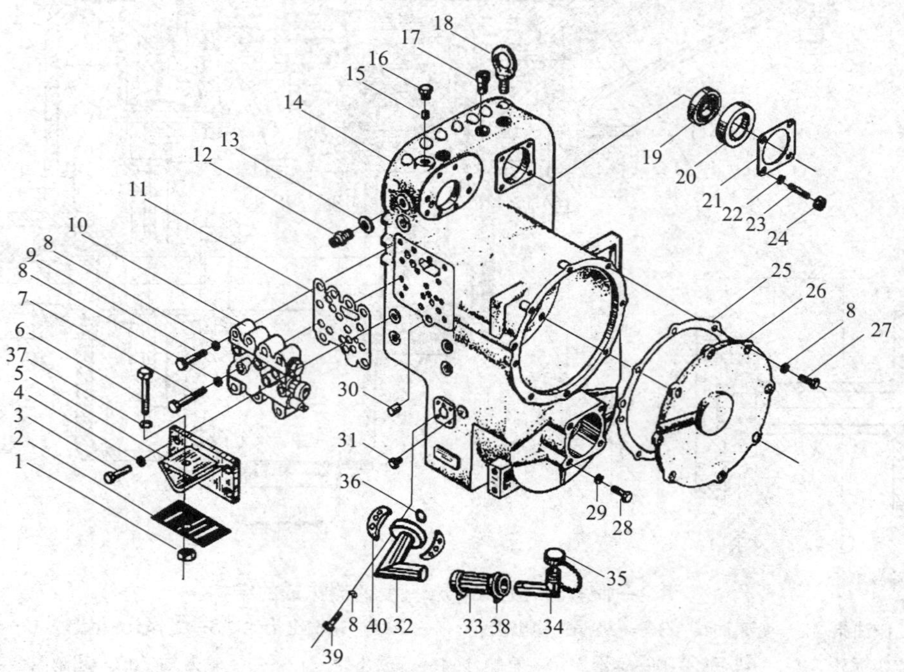

图 2—1—12 变速箱壳体的分解图

1—螺母（M20） 2—胶垫 3—螺栓（M18） 4—垫圈（ϕ18） 5—连接座 6—螺栓（M20） 7—螺栓（M10）
8—垫圈（ϕ10） 9—螺栓（M10） 10—变速操纵阀 11—密封垫 12—接头 13—密封圈（ϕ30） 14—箱体
15—圆柱塞 16—螺塞 17—透气管 18—吊环螺钉（M20） 19—轴承 6211 20—轴承套 21—密封垫
22—垫圈（ϕ12） 23—双头螺柱（M12） 24—螺母（M12） 25—密封垫 26—端盖 27—螺栓（M10）
28—螺栓（M14） 29—垫圈（ϕ14） 30—圆柱销 31—放水阀 32、34—角接管 33—胶管 35—加油盖
36—O 形密封圈（ϕ45） 37—减振块 38—喉箍（ϕ51～ϕ70） 39—螺栓（M10） 40—压板

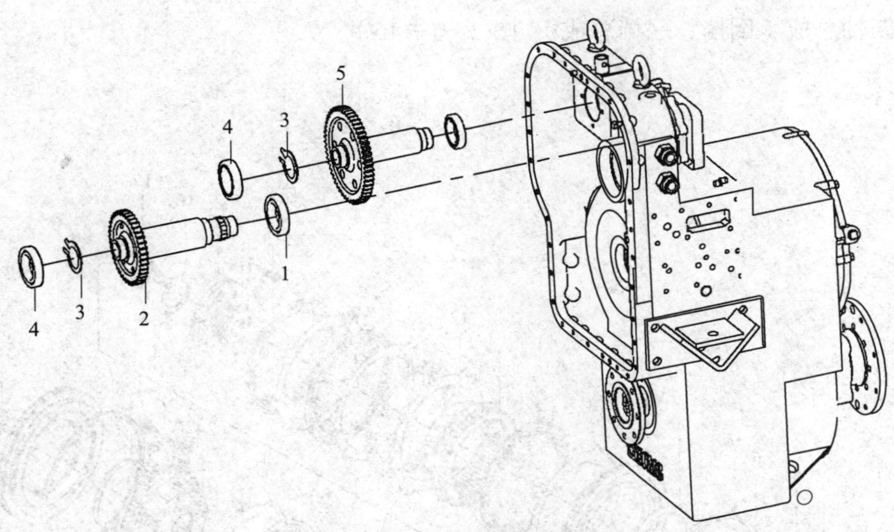

图 2—1—13　驱动齿轮的分解图

1—轴承 6012　2—工作泵轴齿轮　3—挡圈（ϕ90）　4—轴承 6210N　5—转向泵轴齿轮

（2）主要组成部件

1）三轴总成（图 2—1—14）

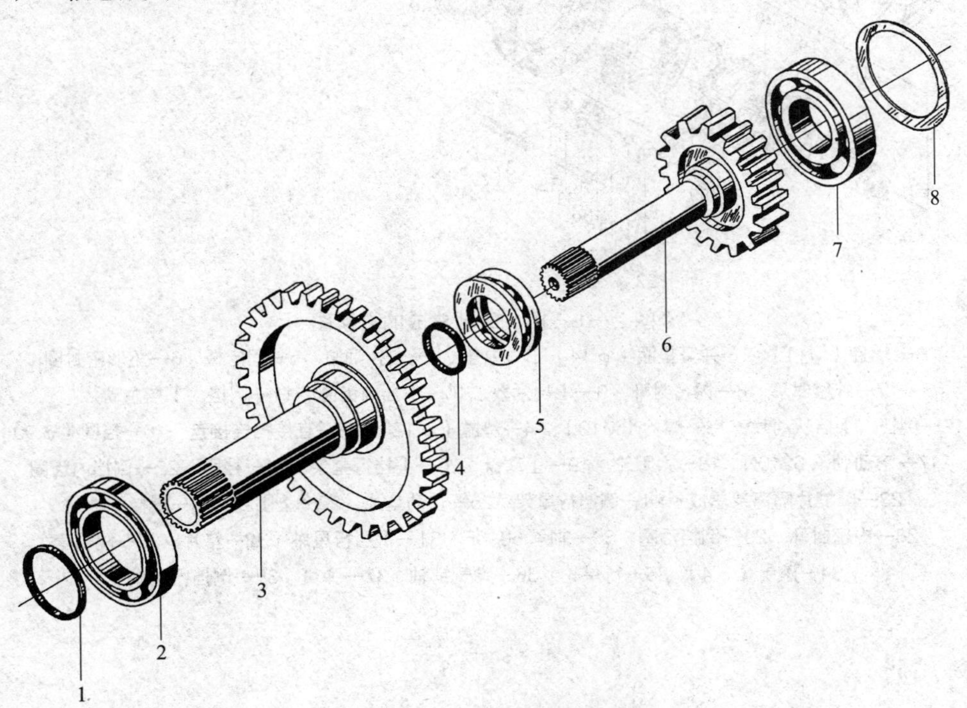

图 2—1—14　三轴总成的分解图

1—旋转油封　2—球轴承 6016　3—输入二级齿轮　4—旋转油封　5—推力球轴承 5111
6—输入一级齿轮　7—球轴承 6311　8—调整垫片

2）四轴总成（倒挡、一挡总成）（图 2—1—15）

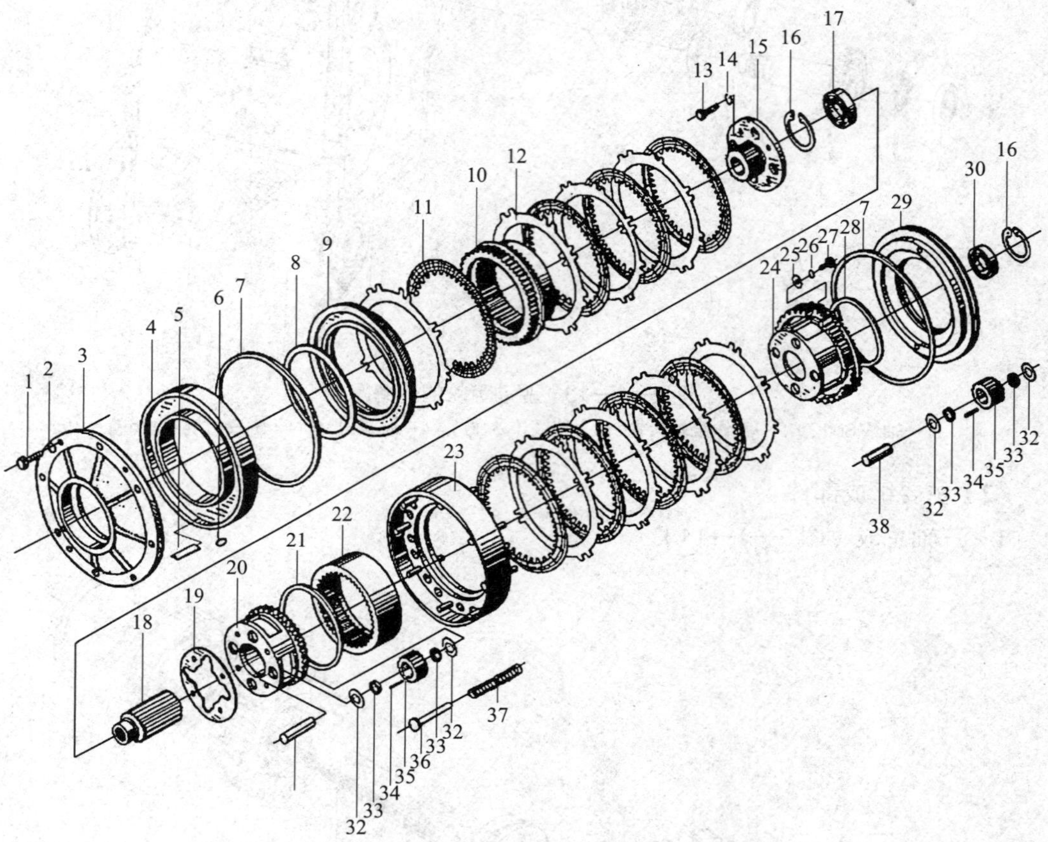

图 2—1—15 四轴总成的分解图

1—螺栓（M14） 2—弹簧垫圈（ϕ14） 3—中盖 4—一挡油缸 5—固定板 6—矩形密封圈 7—外密封环 8—内密封环 9—Ⅰ挡活塞 10—Ⅰ挡内齿圈 11—倒挡、Ⅰ挡主动片 12—倒挡、Ⅰ挡从动片 13—螺栓（M12） 14—垫圈（ϕ12） 15—直接挡连接盘 16—挡圈（ϕ90） 17—滚动轴承 6210N 18—太阳轮 19—止动盘 20—Ⅰ挡行星架 21—挡圈 22—倒挡内齿圈 23—摩擦片隔离架总成 24—倒挡行星架 25—止动垫片 26—垫圈 8 27—螺栓（M8） 28—内密封环 29—倒挡活塞 30—轴承 6010E 31—Ⅰ挡行星轴 32—垫片 33—隔离套 34—滚针（ϕ4） 35—行星轮 36—弹簧销轴 37—弹簧 38—倒挡行星轴

3）五轴总成（图 2—1—16）

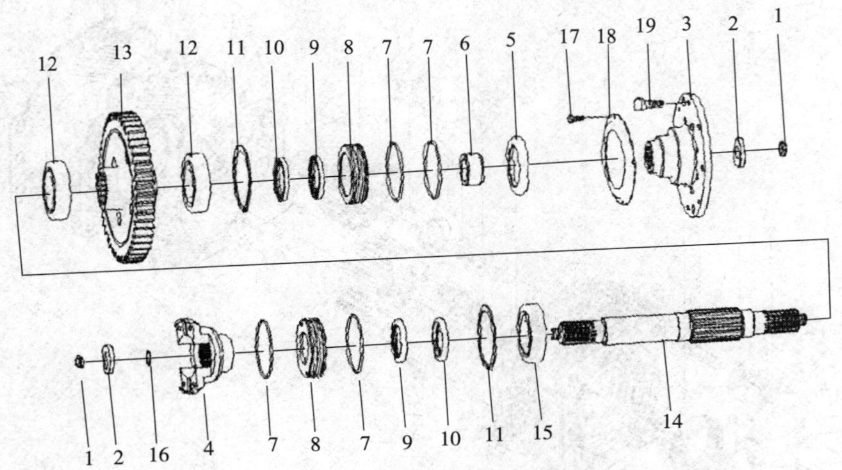

图 2—1—16　五轴总成的分解图

1—锁紧螺母（M33）　2—垫片　3、4—法兰　5—防尘环　6—轴套　7—O 形密封圈（ϕ130）　8—油封座
9—油封（CR HMS5 70×95×10）　10—油封（B70×95×10B）　11—挡圈（ϕ130）　12—轴承 6312
13—输出轴齿轮　14—输出轴　15—轴承 6410　16—O 形密封圈　17—螺栓（M6）　18—挡罩　19—连接螺栓

4）Ⅱ挡总成（图 2—1—17）

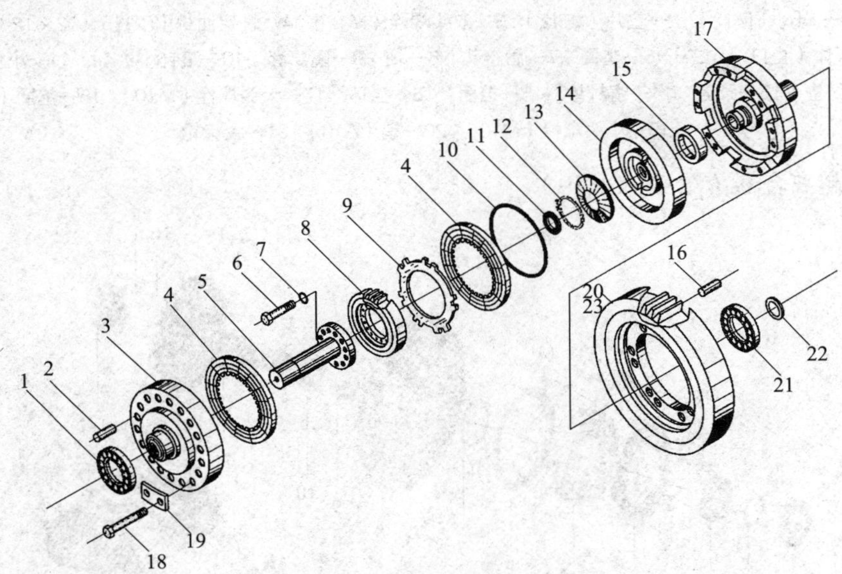

图 2—1—17　Ⅱ挡总成的分解图

1—轴承 6022　2—导向销　3—直接挡受压盘　4—Ⅱ挡主动片　5—直接挡轴　6—螺栓（M10）
7—垫圈（ϕ10）　8—Ⅱ挡齿圈　9—Ⅱ挡从动片　10—内密封环　11—轴承 6204　12—挡圈（ϕ65）
13—盘形弹簧　14—直接挡活塞　15—旋转油封　16—销　17—直接挡油缸　18—螺栓（M12）
19—止动垫片　20—直接挡输出齿轮　21—滚动轴承 6312　22—旋转油封　23—调整垫片

5）变速泵总成（图 2—1—18）

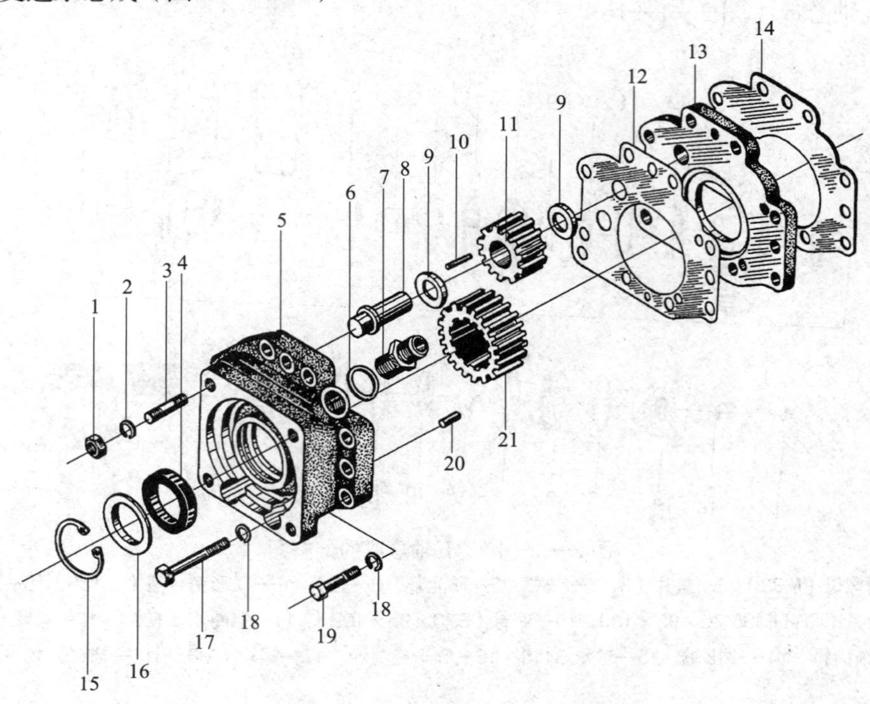

图 2—1—18　变速泵总成的分解图

1—螺母（M12）　2—垫片（ϕ12）　3—双头螺栓（M12）　4—骨架油封（PG45×62×12）
5—泵体（止口 ϕ127）　6—垫圈　7—管接头　8—轴　9—隔离套　10—滚针（ϕ4）　11—小齿轮
12—密封垫　13—泵盖　14—密封垫　15—挡圈　16—挡环　17—大头螺栓（M10）　18—垫圈（ϕ10）
19—小头螺栓（M10）　20—销（A10）　21—大齿轮

6）超越离合器（图 2—1—19）

图 2—1—19　内星轮滚柱式超越离合器的分解图

1、3、10、12—轴承 6210　2—隔离环　4—左挡板　5—内环凸轮　6—右挡板　7—弹簧卡环　8—外环齿轮
9—隔离套　11—中间输入轴　13—滚柱　14—顶销　15—复位弹簧　16—垫圈　17—螺母　18—螺栓

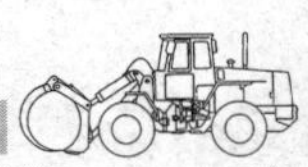

该超越离合器为内星轮滚柱式超越离合器，由内环凸轮、滚柱、外环齿轮、轴承、中间输入轴、顶销和弹簧等零件组成。内环凸轮通过一对增速齿轮与变矩器的二级涡轮连接，外环齿轮通过一对减速齿轮与变矩器的一级涡轮连接，沿着图 2—1—20 所示方向旋转。

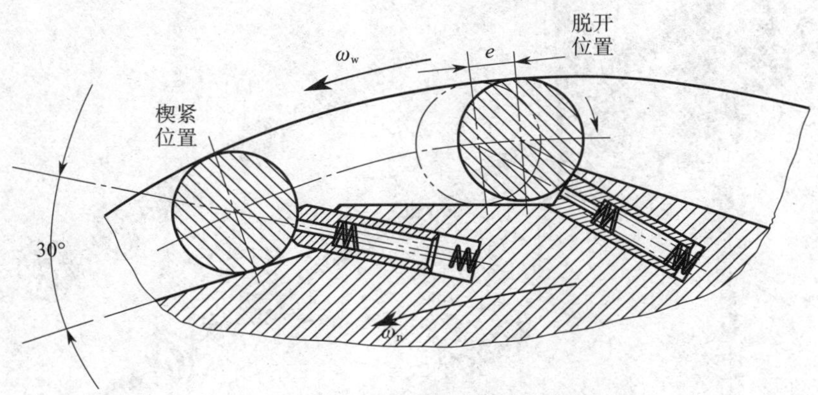

图 2—1—20　滚柱式超越离合器的原理图

当外环齿轮的转速大于内环凸轮的转速（$\omega_w>\omega_n$）时，装载机处于低速、重载的工作状态下，在复位弹簧和顶销的作用下，滚柱的旋转方向与 ω_w 相反；在外环齿轮的作用下，滚柱被楔紧在内环凸轮与外环齿轮的滚道中间，外环齿轮和内环凸轮形成一个整体，发动机的动力经由液力变矩器的一、二级涡轮输出，作用在超越离合器上，对外输出动力。这就是超越离合器的超越状态（即锁止）。

当内环凸轮的转速大于外环齿轮的转速（$\omega_n>\omega_w$）时，装载机处于高速、轻载的工作状态下，外环齿轮相对于内环凸轮沿着与 ω_n 相反的方向旋转，滚柱在外环齿轮的作用下克服复位弹簧的作用力脱开内环凸轮并自身旋转；外环齿轮和内环凸轮之间互不影响，外环齿轮独自空转，内环凸轮传递动力经太阳轮对外输出。这就是超越离合器的分离状态。

7）变速箱操纵阀（图 2—1—21、图 2—1—22）

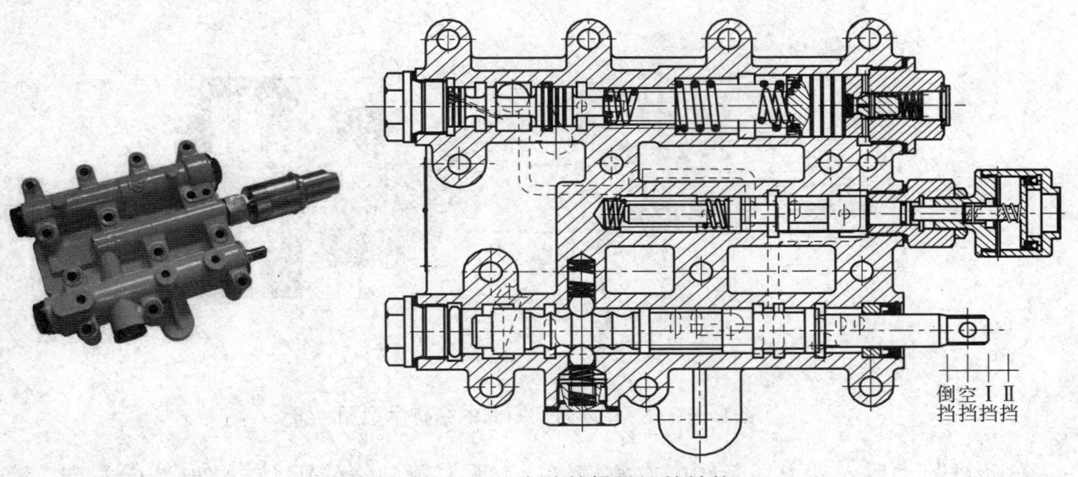

图 2—1—21　变速箱操纵阀的结构

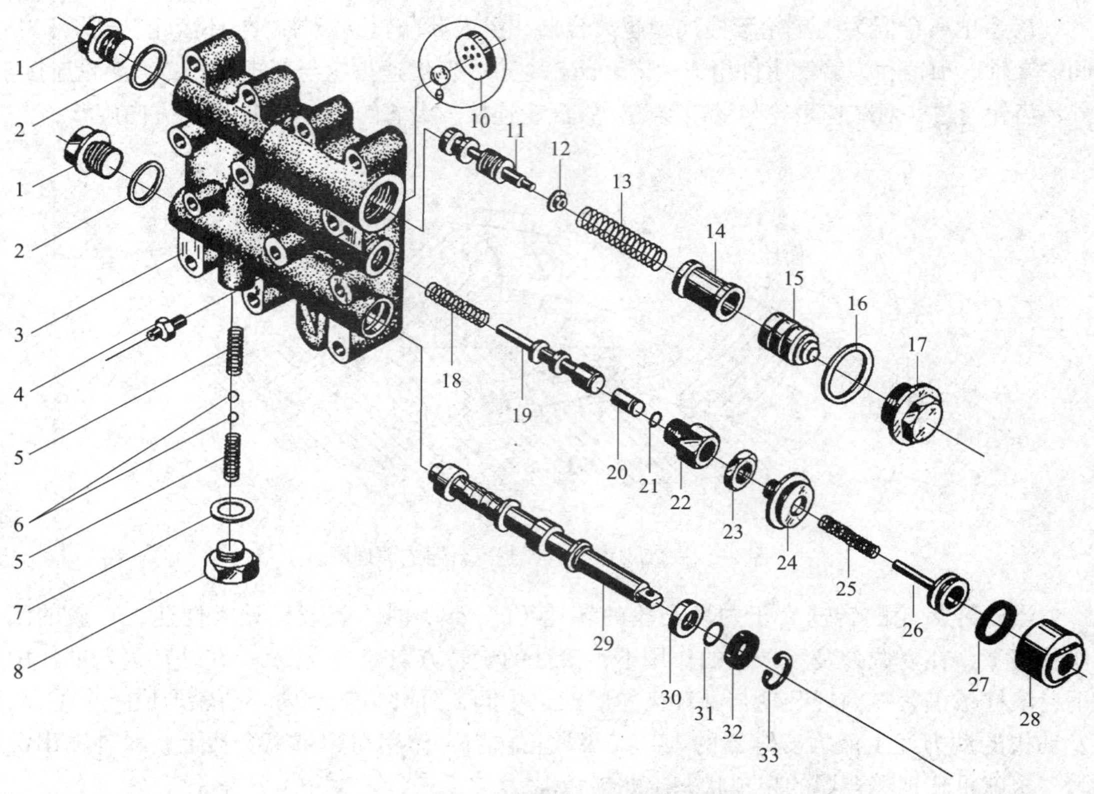

图 2—1—22　变速箱操纵阀的分解图

1、8、17、22—螺栓　2、16—垫圈　3—阀体　4—压力表接头　5、13、18、25—弹簧　6—钢球（*SR*12.7）　7—垫片　9—塑料球　10—圆板　11—减压阀阀芯　12—弹簧座　14—固定套　15—滑块　19—制动阀阀芯　20—圆柱塞　21—O 形密封圈（ϕ13）　23—螺母　24—气阀座　26—气阀阀芯　27—Y 形密封圈（ϕ32）　28—气阀体　29—分配阀阀芯　30—挡套　31—O 形密封圈（ϕ22）　32—骨架油封　33—挡圈（ϕ30）

8）动力切断阀（图 2—1—23）

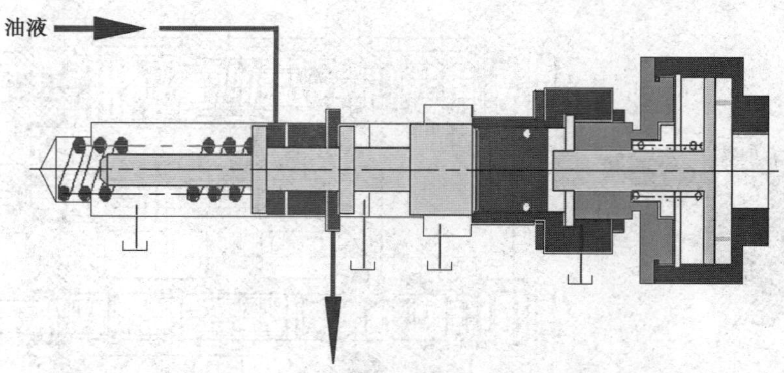

图 2—1—23　动力切断阀的结构示意图

发动机起动后，动力切断阀的右侧进气，克服左侧弹簧的压力，将阀芯向左推，液

压油按图示方向供油。切断动力后（即右侧不再供气），左侧弹簧将阀芯向右推，堵住来油，切断动力。

9）油底壳总成（图 2—1—24）

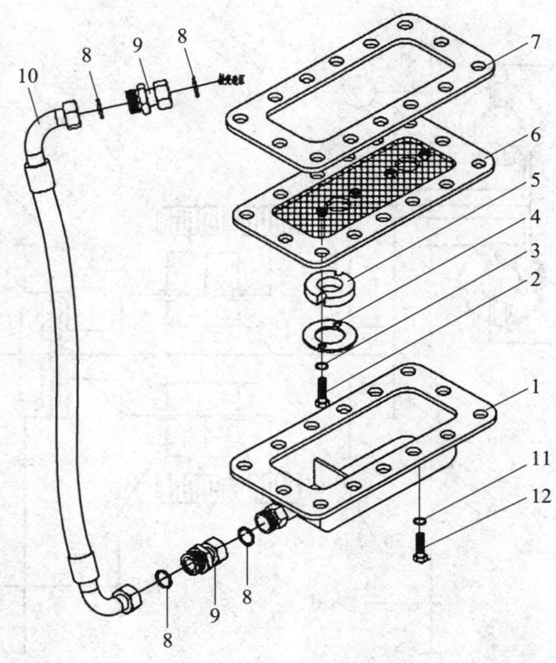

图 2—1—24　油底壳总成

1—油底壳　2—螺栓（M6）　3—垫圈（ϕ6）　4—垫板　5—磁铁　6—滤网支架　7—密封垫
8—O 形密封圈（ϕ30）　9—接头　10—胶管　11—弹簧垫圈（ϕ10）　12—螺栓（M10）

10）变速箱上的管接头（图 2—1—25）

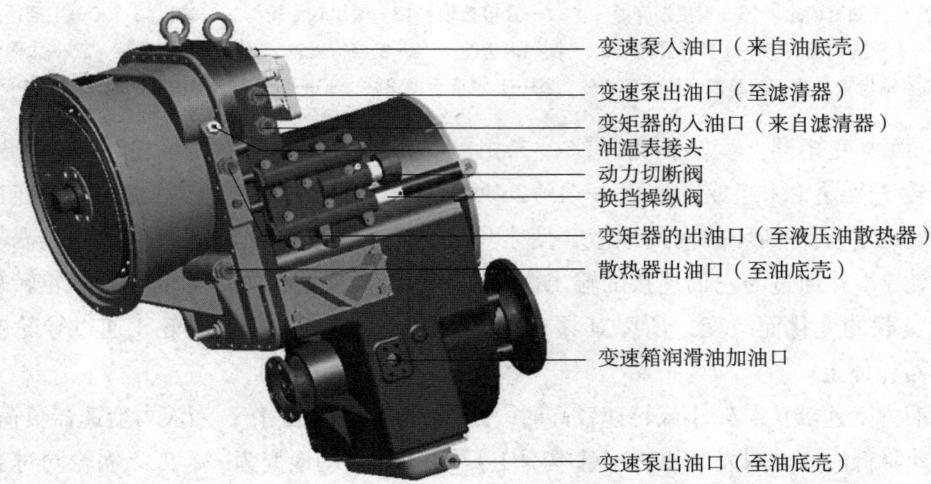

图 2—1—25　变速箱上的管接头

（3）工作原理（图 2—1—26）

2BS315A 型变速器总成由液力变矩器和动力换挡机械变速箱两部分组装而成。

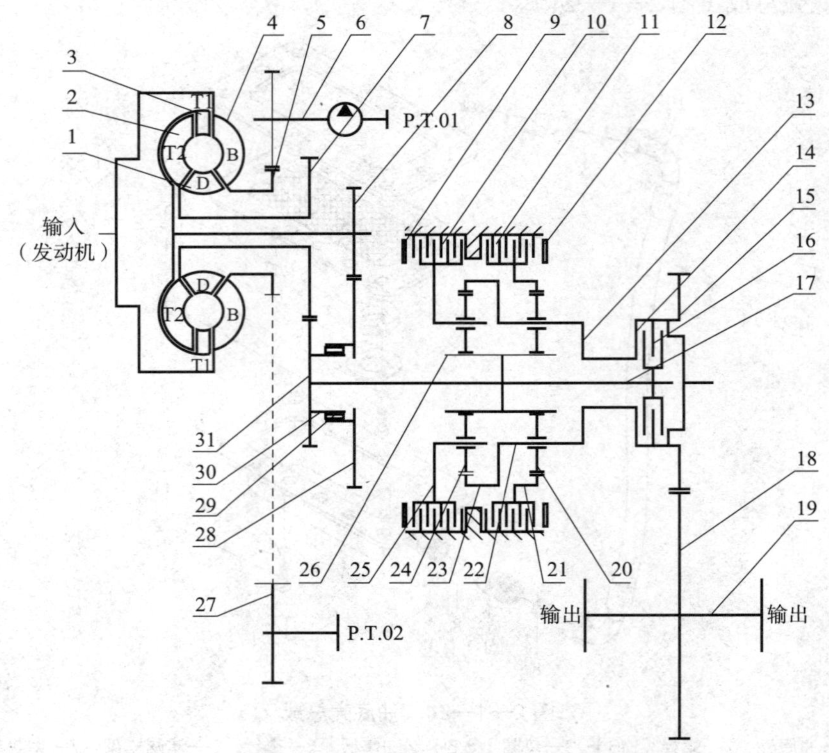

图 2—1—26　2BS315A 型变速器总成的工作原理简图

1—导轮　2—二级涡轮　3—一级涡轮　4—变矩器泵轮　5—分动齿轮　6—工作泵轴齿轮　7、8—输出齿轮　9—倒挡活塞　10—倒挡摩擦片　11—Ⅰ挡摩擦片　12—Ⅰ挡活塞　13—连接盘　14—直接挡受压盘　15—直接挡油缸齿轮　16—直接挡摩擦片　17—直接挡轴　18—输出轴齿轮　19—输出轴　20—Ⅰ挡行星轮　21—Ⅰ挡内齿圈　22—Ⅰ挡行星架　23—倒挡内齿圈　24—倒挡行星轮　25—倒挡行星架　26—太阳轮　27—转向泵轴齿轮　28—超越离合器外环齿轮　29—超越离合器滚柱　30—超越离合器内环凸轮　31—中间输入轴

1）液力变矩器。变矩器为单级、二相、四元件结构，主要由泵轮 4、一级涡轮 3、二级涡轮 2 及导轮 1 组成，如图 2—1—26 所示。泵轮通过弹性板与发动机飞轮连接。泵轮 4 旋转时，驱动循环圆内的油液，使之具有一定的动能，而油液又推动一级涡轮 3 和二级涡轮 2，并通过与它们连接的输出齿轮 8 和 7 带动变速器。因为变矩器涡轮转矩和转速可随负载的变化而改变，所以其具有自动变矩、变速的功能。导轮 1 通过导轮座固定在变矩器壳体上。

在液力变速器负载较小或转速较高时，二级涡轮 2 单独工作；当液力变速器负荷增大，而使转速降低时（此时发动机转速基本不变），变矩器自动地变为一、二级涡轮同时工作。

2）动力换挡机械变速箱。变矩器二级涡轮 2 的动力经二级涡轮输出齿轮 7 传至中间

输入轴31，变矩器一级涡轮3的动力传至一级涡轮输出齿轮8，再传至超越离合器外环齿轮28。当外负荷较小时，因变速箱中间输入轴31比超越离合器外环齿轮28的转速高，使超越离合器滚柱29空转。此时，二级涡轮2单独工作。

当外负荷增加时，迫使变速器中间输入轴31转速逐渐下降。如果中间输入轴31的转速小于超越离合器外环齿轮28转速时，超越离合器滚柱29被楔紧，由一级涡轮3传来的动力经超越离合器滚柱29传至超越离合器内环凸轮30。由于超越离合器内环凸轮30与中间输入轴31通过螺栓连接，因此这时一级涡轮3与二级涡轮2同时工作。动力换挡机械变速箱有两个前进挡，一个倒退挡。各挡传动路线如下：

①前进Ⅰ挡。当变速阀杆处于Ⅰ挡位置时，压力油经变速阀进入Ⅰ挡油缸，使Ⅰ挡活塞12左移，Ⅰ挡摩擦片11接合，Ⅰ挡内齿圈21被制动，动力从中间输入轴31经太阳轮26传至Ⅰ挡行星轮20。由于Ⅰ挡内齿圈21被制动，Ⅰ挡行星架22转动，通过连接盘13传到直接挡受压盘14，再经直接挡油缸齿轮15传至输出轴齿轮18，作为Ⅰ挡动力输出，如图2—1—27所示。

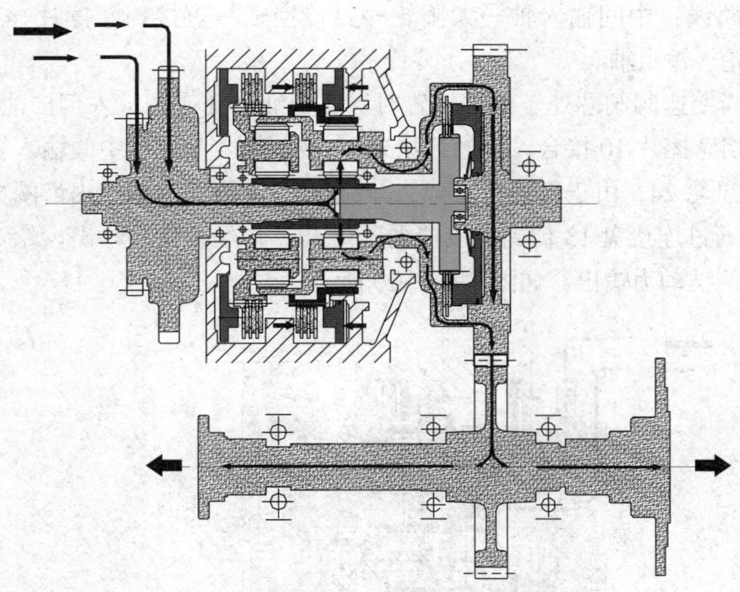

图2—1—27 前进Ⅰ挡传动路线

Ⅰ挡传动路线：中间输入轴→太阳轮→Ⅰ挡行星架→直接挡受压盘→直接挡输出齿轮→输出轴齿轮→输出轴。

②前进Ⅱ挡。当变速阀阀芯处于Ⅱ挡位置时，压力油经变速阀进入Ⅱ挡油缸，使直接挡活塞左移，直接挡摩擦片16接合，动力从中间输入轴31经太阳轮26传至直接挡轴17，由于直接挡摩擦片16接合，动力传至直接挡受压盘14，再经直接挡输出齿轮15传至输出轴齿轮18，作为Ⅱ挡动力输出，如图2—1—28所示。

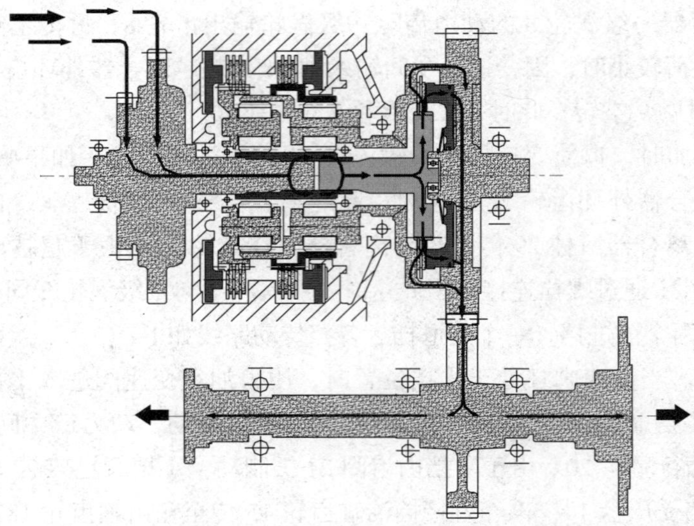

图 2—1—28 前进Ⅱ挡传动路线

Ⅱ挡传动路线：中间输入轴→太阳轮→直接挡轴→直接挡摩擦片→直接挡输出齿轮→输出轴齿轮→输出轴。

③倒挡。当变速阀阀芯处于倒挡位置时，压力油经变速阀进入倒挡油缸，使倒挡活塞 9 右移，倒挡摩擦片 10 接合，倒挡行星架 25 被制动。动力从中间输入轴 31 经太阳轮 26 传至倒挡行星轮 24，由于倒挡行星架 25 被制动，动力即由倒挡内齿圈 23 换向传给Ⅰ挡行星架 22，通过连接盘 13 传到直接挡受压盘 14，再经直接挡输出齿轮 15 传至输出轴齿轮 18，作为倒挡动力输出，如图 2—1—29 所示。

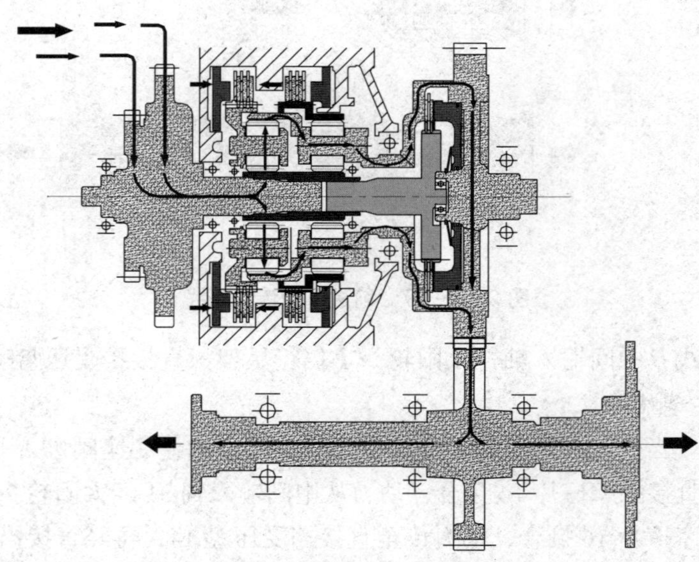

图 2—1—29 倒挡传动路线

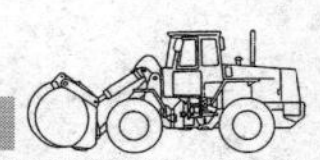

倒挡传动路线：中间输入轴→太阳轮→倒挡内齿圈→Ⅰ挡行星架→直接挡受压盘→直接挡输出齿轮→输出轴齿轮→输出轴。

3）液压系统。变速箱带有三个油泵，由于变矩器泵轮4与分动齿轮5相连，分动齿轮又与工作泵轴齿轮6、转向泵轴齿轮27相啮合。工作油泵和变速油泵由工作泵轴齿轮带动，转向油泵则由转向泵轴齿轮27带动。转向油泵和工作油泵分别向整机的转向液压系统、工作装置液压系统供油，变矩器及变速操纵阀由变速油泵提供压力油。液压系统原理图如图2—1—30所示。

变速箱油底壳的压力油由变速泵吸入，经管路滤清器（装有旁通阀，当滤清器堵塞时，油经旁通阀流出，旁通阀的压力为0.08～0.098 MPa）进入变速操纵阀中的减压阀；压力油从减压阀阀芯的小孔流至减压阀阀芯的左端，将阀芯右推；压力油从而被分成两路，一路经变矩器减压阀进入变矩器，另一路通过离合器切断阀进入换向阀。

操纵变速阀阀芯，使压力油进入不同的离合器活塞缸，完成不同挡位的工作。同时，压力油经节流小孔进入减压阀蓄能器柱塞的右侧，使蓄能器柱塞左移，从而稳定地调节控制油压（1.1～1.5 MPa）。制动时，气压进入离合器切断阀，阀芯左移，压力油从回油孔回到油箱；活塞缸内压力油因为油路接通油箱而使离合器脱开，变速箱自动处于空挡状态。

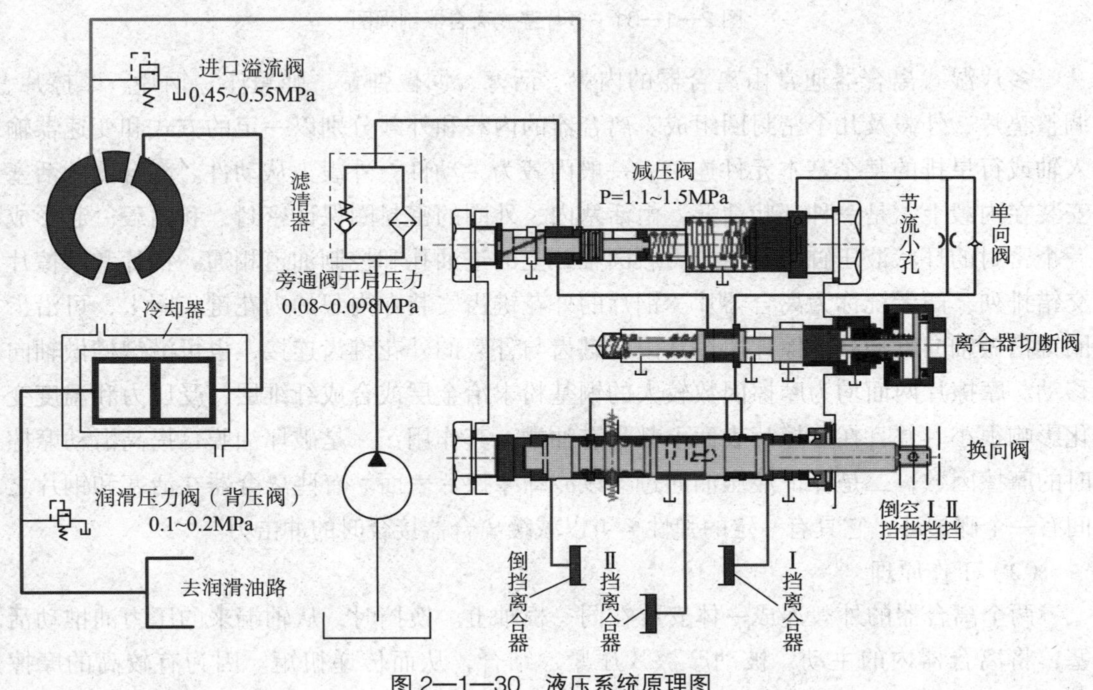

图2—1—30 液压系统原理图

变矩器的回油进入冷却器后，经润滑压力阀进入变速箱进行润滑和冷却。润滑压力阀的压力为 0.1 ~ 0.2 MPa。

2. 定轴式变速箱的组成及工作原理

（1）结构组成

定轴式（动力换挡）变速箱采用多片湿式离合器传递动力。这是由于多片湿式离合器的表面积较大，所传递的扭矩也较大，并且离合器片表面单位面积压力分布均匀，摩擦材料磨损均匀，还能通过增减片数和改变施加压力的大小，按要求容量调节工作转矩，便于系列化和通用化，如图 2—1—31 所示。

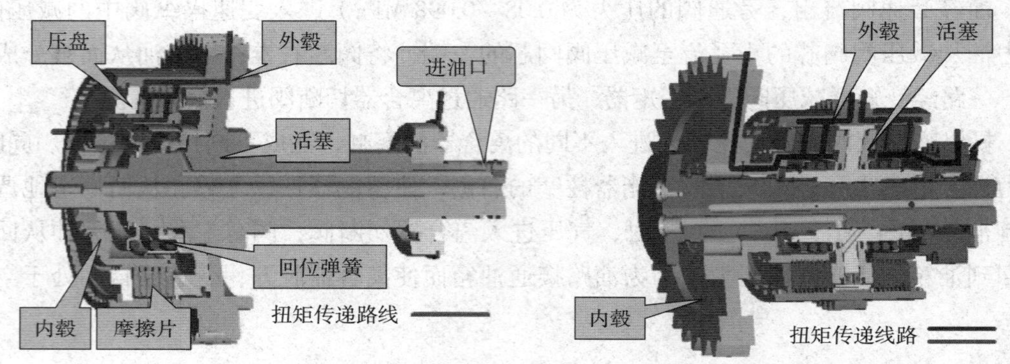

图 2—1—31　多片湿式离合器剖视图

多片湿式离合器通常由离合器的内毂、活塞、回位弹簧、弹簧座、钢片、摩擦片、调整垫片、外毂及几个密封圈组成。离合器的内毂和外毂分别以一定的方式和变速器输入轴或行星排的某个基本元件连接，一般内毂为主动件，外毂为从动件。离合器的活塞安装在内毂上，是一种环状活塞，由活塞内、外圈的密封圈保证密封，和内毂一起形成一个密封的环状液压缸，并通过内毂圆轴颈上的进油孔和控制油道相通。钢片和摩擦片交错排列，两者统称为离合器片。钢片的外花键齿安装在内毂的内花键齿圈上，可沿齿圈键槽做轴向移动；摩擦片通过其内花键齿与外毂的外花键齿连接，也可沿键槽做轴向移动。摩擦片两面均为摩擦因数较大的铜基粉末冶金层或合成纤维层，受压力和温度变化影响很小。并且在摩擦片表面上都带有油槽，其作用：一是破坏油膜，提高滑动摩擦时的摩擦因数；二是保证液压油通过，以冷却摩擦片表面。有些离合器在活塞和钢片之间有一个碟形环，它具有一定的弹性，可以减缓离合器接合时的冲击力。

（2）工作原理

两个离合器的外毂连成一体安装在同一根轴上。换挡时，从轴端来的压力油推动活塞，将离合器内的主动、被动摩擦片压紧、结合，从而传递扭矩。因为有较高的摩擦力，主动、被动摩擦片便以相同速度旋转，离合器处于接合状态。当撤除油压时，回位弹簧使活塞复位至原始位置，使离合器片相互脱开，离合器处于分离状态，中断动力传

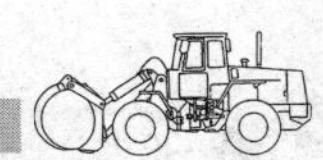

递。定轴式变速器传动原理简图如图 2—1—32 所示。定轴式动力换挡变速箱传动路线（WG180/20 变速箱的挡位）见表 2—1—1。

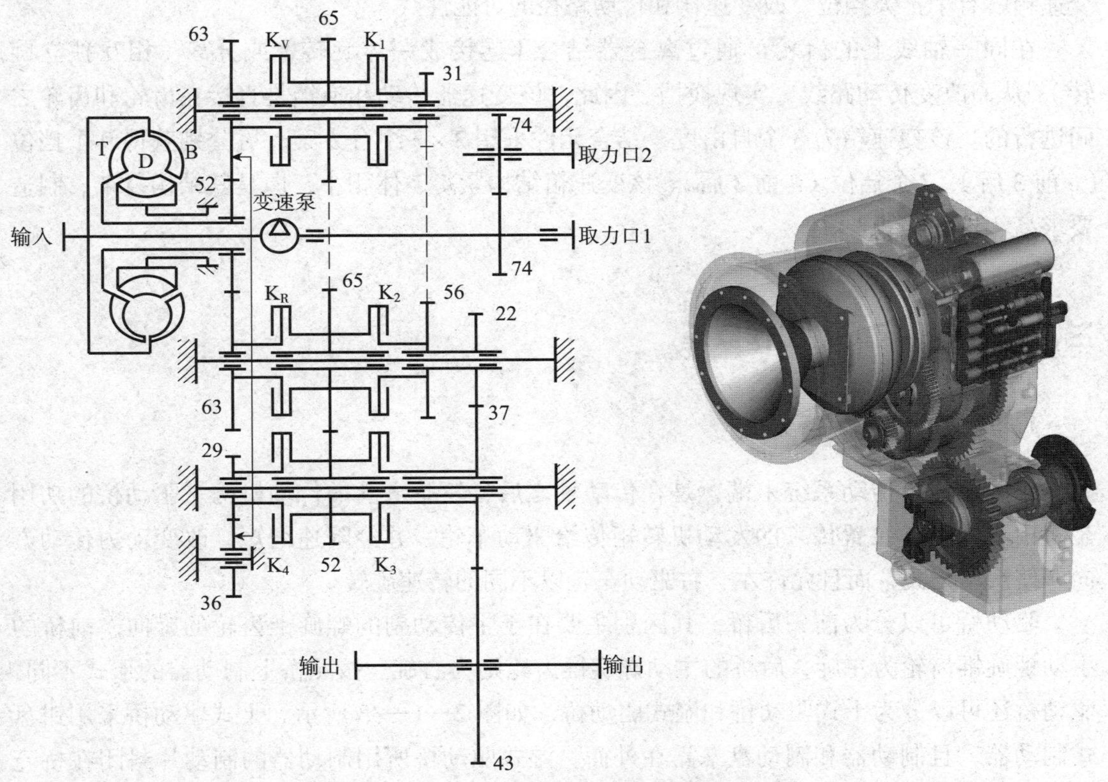

图 2—1—32　定轴式变速器传动原理简图

表 2—1—1　　定轴式动力换挡变速箱传动路线（WG180/200 变速箱的挡位）

接合元件		可实现的挡位		传动齿轮对数
		6 前 3 后	4 前 3 后	
K_V	K_1	1 挡	1 挡	4
K_4	K_1	2 挡		8
K_V	K_2	3 挡	2 挡	4
K_4	K_2	4 挡		6
K_V	K_3	5 挡	3 挡	4
K_4	K_3	6 挡	4 挡	4
K_R	K_1	倒 1 挡	倒 1 挡	3
K_R	K_2	倒 2 挡	倒 2 挡	3
K_R	K_3	倒 3 挡	倒 3 挡	3

定轴式（动力换挡）变速箱除输入轴和输出轴是转动轴外，其他的中间轴和倒挡轴都固定不转。这些固定轴上的齿轮都是独立的旋转构件。随着独立旋转构件数目的增加，变速箱就有了扩大挡位、改变速比和传动路径的可能性。

在同一轴线上的齿轮可通过离合器结合（连接成一体旋转）或分离（相互独立旋转），从而改变传动路线，实现换挡。因此，该变速器传动和换挡是直接在齿轮和齿轮之间进行的。该变速箱为3个自由度，结合元件采用3×3组合方案，可分别获得9个挡位（6前3后）、7个挡位（4前3后）。该变速箱结构紧凑、体积小，但是其结构复杂、制造要求高、传动路线长。

三、驱动桥的组成及工作原理

1. 驱动桥的功用与分类

驱动桥位于传动系统末端，是在传动轴之后、轮胎之前的传动机构。驱动桥的功用是将由万向传动装置传来的发动机转矩传给驱动车轮，并经降速增矩、改变动力传动方向，使汽车行驶，而且允许左、右驱动车轮以不同的转速旋转。

驱动桥可以分为前、后桥，其区别主要在于主传动副的螺旋锥齿轮的旋向。前桥的主动螺旋锥齿轮为左旋，后桥的主动螺旋锥齿轮则为右旋。按照桥上制动器的形式不同，驱动桥还可以分为干式驱动桥和湿式驱动桥，如图2—1—33所示。干式驱动桥采用钳盘式制动器，且制动器和制动盘暴露在外面。湿式驱动桥所用制动器的制动片封闭在桥壳内，浸在齿轮油中，靠油循环来散热。两者相比较，干式驱动桥的制动器易受物料污染和磨损，湿式驱动桥的制动器因为全封闭可以实现免维护。

图2—1—33 干式驱动桥和湿式驱动桥

2. 干式驱动桥的组成及工作原理

（1）结构组成

驱动桥主要由桥壳总成、主减速器总成、轮边减速器总成和制动器总成等部分组成，

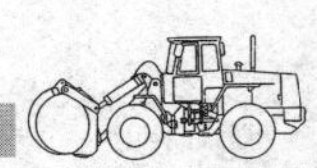

如图 2—1—34 所示。主传动为一级圆锥螺旋齿轮减速，差速器由 2 个锥形直齿半轴齿轮和 4 个锥形行星齿轮组成，与十字轴和差速器壳为一体。左、右半轴为全浮动，轮边减速机构为行星轮式。内齿圈与轮边支承轴固定不转，行星轮架与轮辋固定为一体，接受半轴扭矩的太阳轮带动行星架驱动车轮转动。其功用是将变速箱传来的转速经主传动器减速，并增大扭矩，并将旋转轴线改变为横向后，传至差速器，然后经差速器中的行星齿轮、半轴齿轮、半轴，传至最终传动齿轮，再一次减速、增扭后，传至驱动轮，从而驱动装载机行驶。

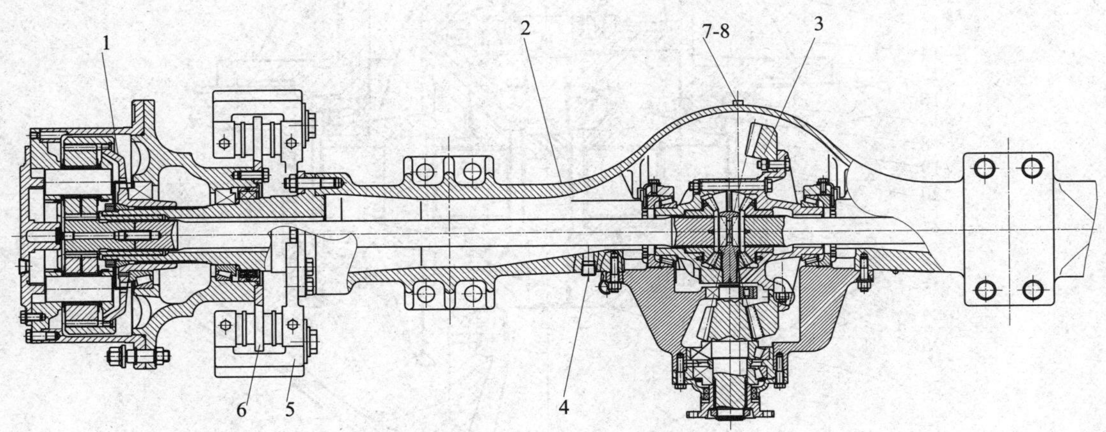

图 2—1—34　干式驱动桥总成

1—轮边减速器总成　2—桥壳总成　3—主减速器总成　4—透气塞　5—盘式制动器总成
6—制动盘　7—螺塞　8—组合垫圈

（2）主减速器总成（图 2—1—35）

主减速器的功用是将变速箱传来的转速进一步降低，增大扭矩，并将旋转轴线改变为横向后，经半轴、差速器传给驱动车轮，并允许左、右驱动轮以不同的转速旋转。

如图 2—1—35 所示，驱动桥的主减速器是由一对螺旋锥齿轮 13 和 27 组成。主动螺旋锥齿轮与轴制成一体，并采用刚性较好的两端支承，前端支承在滚柱轴承 14 上，后端支承在托架 16 上的圆锥滚子轴承 7 和 12 上。从动螺旋锥齿轮 27 用螺栓固定在差速器右壳的凸缘上。差速器左、右壳用螺栓连接成一体，然后用 2 个圆锥滚子轴承 23 装在托架 16 上的座孔中。在托架 16 上装一个止推螺栓 29，其端面到齿轮背面的间隙调整为 0.20 ~ 0.40 mm，以防止重载工作时从动螺旋锥齿轮产生过大的变形而破坏齿轮的正常啮合。主减速器通过托架 16 用螺栓紧固在驱动桥桥壳上而形成封闭壳体，在桥壳中装入适量的润滑油，借助齿轮旋转而将润滑油飞溅至各处润滑齿轮与轴承。

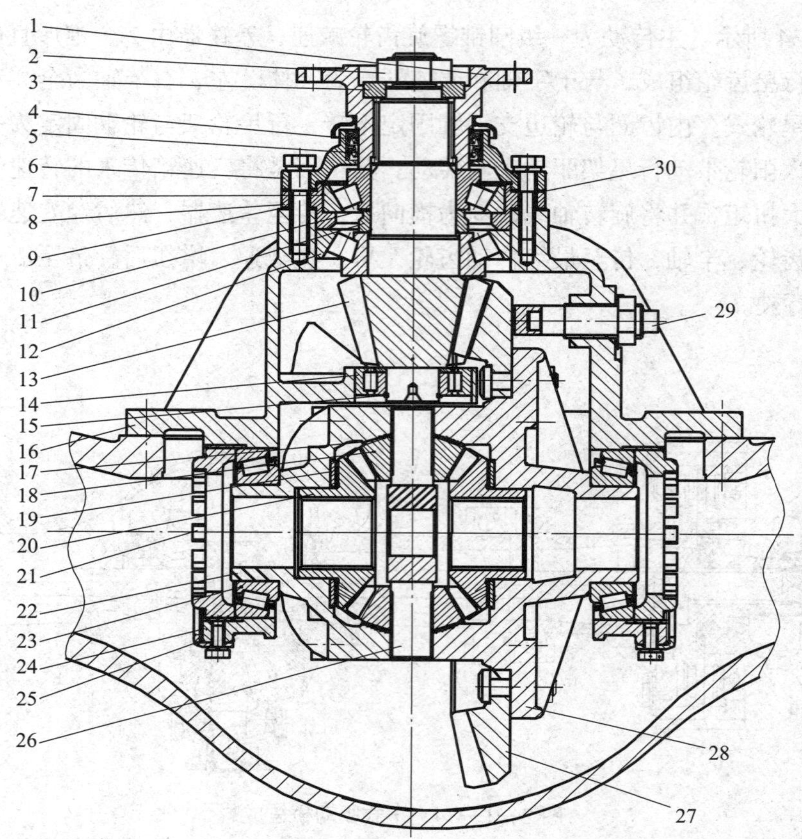

图 2—1—35　主减速器总成

1—输入法兰　2—锁紧螺母　3—定位套　4、5—骨架油封　6—密封盖　7、12、23—圆锥滚子轴承　8—轴承套　9、10—调整垫片　11—轴套　13—主动螺旋锥齿轮　14—滚柱轴承　15—挡圈　16—托架　17—球形垫片　18—行星齿轮　19—半轴齿轮垫片　20—半轴齿轮　21—调整螺母　22—差速器左壳　24—轴承座　25—锁紧片　26—十字轴　27—从动螺旋锥齿轮　28—差速器右壳　29—止推螺栓　30—调整垫片

如图 2—1—35 所示，差速器是由行星齿轮 18、半轴齿轮 20、十字轴 26、差速器右壳 28、差速器左壳 22 等组成。左、右 2 个半轴齿轮装上半轴齿轮垫片 19 后，一起装入左、右差速器壳的座孔中。4 个行星齿轮 18 装在十字轴 26 上，并装上球形垫片 17，再将十字轴 26 装入差速器壳的圆孔中。其中心线与差速器左、右壳的分界面重合，然后用螺栓将差速器左、右壳固定在一起，并用 2 个圆锥滚子轴承 23 支承在托架 16 上。

（3）轮边减速器总成

轮边减速器的功用是将主传动轴传来的转速再一次降低，增大扭矩后传给驱动轮，从而驱动装载机行驶或进行各种作业，如图 2—1—36 所示。

驱动桥的轮边减速器是在内齿圈 4 上均布地装上 3 个行星齿轮 5，行星齿轮 5 与行星齿轮轴 7 间有滚针 9 以减小摩擦阻力；3 个行星齿轮 5 与太阳轮 19 以及内齿圈 4 相啮合；

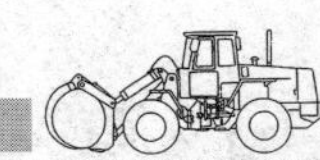

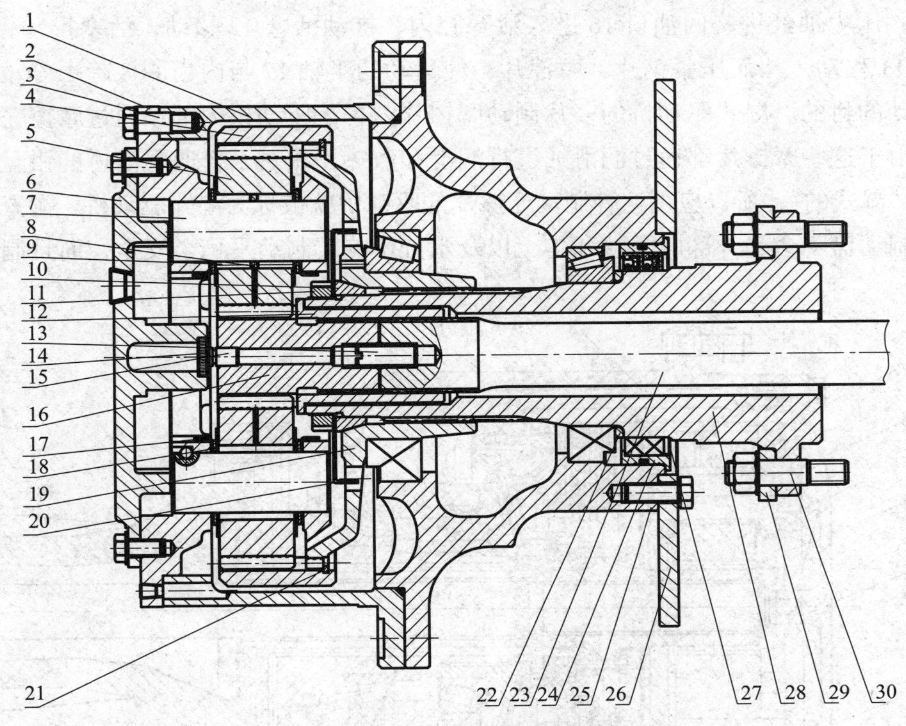

图 2—1—36 轮边减速器总成

1—轮边减速器壳体 2—行星架 3—螺栓 4—内齿圈 5—行星齿轮 6—端盖 7—行星轮轴 8—隔套 9—滚针 10—锥套 11—圆螺母 12—连接套 13—螺栓 14—挡块 15、16、17、18—调整支柱 19—太阳轮 20—行星轮垫片 21—行星轮中间垫片 22—齿圈支承 23—止推垫片 24—卡环 25—垫圈 26—半轴 27—油封座 28—轮毂 29—制动盘 30—防尘圈 31—套管 32—制动钳支架 33—连接螺栓

太阳轮 19 是通过花键装在半轴 26 的末端，并用弹性挡圈限位；内齿圈 4 通过花键装在桥壳末端，并由锥套 10 定心，被圆螺母 11、止动垫片 23 及隔套 8 锁死，故内齿圈是与驱动桥壳固定在一起的；行星架 2 则通过螺栓连接在轮毂 28 上。当半轴 26 带动太阳轮 19 旋转时，迫使行星齿轮 5 在内齿圈 4 上滚动，进而带动行星架 2 与驱动轮一起转动，以此驱使装载机行驶。

端盖 6 用螺栓装在行星架 2 上，它们之间装有密封垫；在行星架 2 与轮毂 28 间也装有 O 形密封圈，以防止液压油外溢；轮毂 28 与桥壳间的油封座 27 可以防止油流入制动器，避免制动失灵。

3. 湿式驱动桥的组成及工作原理

湿式制动器由内齿圈、承压盘、钢片、摩擦片、活塞、内齿圈支承架、回位弹簧、齿轮等组成，如图 2—1—37 所示。钢片 10 外缘面有齿，与内齿圈 8 啮合，两者与车桥连接；摩擦片 11 内缘面有齿，与摩擦片支承架 7 啮合，两者随半轴 17 转动。踩下制动踏板时，压力油经进、回油口 16 进入活塞腔内，推动活塞 12 移动，活塞推动钢片 10、摩擦片 11 移动，从而压紧钢片、摩擦片，使运动的半轴 17 与内齿圈 8 趋于静止，从而达到制动的目的。湿式驱动桥的多片制动摩擦片内置于驱动桥内部，通过摩擦完成驻车制动。由于这些摩擦片都通过润滑油进行润滑和散热，相对于普通驱动桥的钳盘式制动而言是“湿式的”，所以应用这种制动摩擦片的驱动桥就被称为湿式驱动桥。湿式制动的优点：制动盘不会受外部的泥沙和尘土以及水分影响，制动平稳、安全，而且制动盘寿

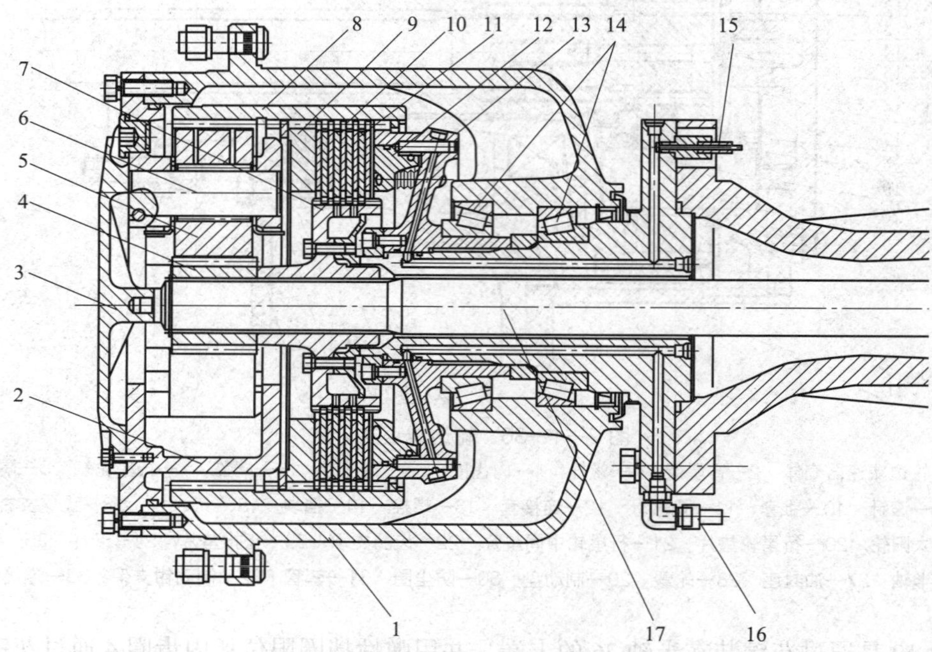

图 2—1—37　湿式驱动桥总成

1—轮毂　2—行星架　3—端盖　4—太阳轮　5—行星齿轮　6—行星齿轮轴　7—摩擦片支承架

8—内齿圈　9—承压盘　10—钢片　11—摩擦片　12—活塞　13—内齿圈支承架

14—圆锥滚子轴承　15—安全阀　16—进、回油口　17—半轴

命长，极大地降低了驱动桥制动器的维护、更换概率。它的缺点：驱动桥的制造成本高，系统复杂，使用油液的要求高且其中必须添加抗磨剂。

4. 限滑差速器在驱动桥中的作用

限滑差速器顾名思义就是限制车轮滑动的一种改进型差速器。它是将驱动桥两侧的驱动轮的转速差值限制在一定范围内，以保证车辆正常转弯等行驶性能的类差速器。当装载机在湿滑地面上行驶时，限滑差速器就凸显其牵引性能及作业效率，即当驱动桥一侧的轮胎打滑时，安装有限滑差速器的驱动桥另一侧的轮胎仍旧能够发挥附着能力，最大限度地发挥牵引力，提高整车通过性，从而提高作业效率，如图 2—1—38 所示。由于采用限滑差速器能够避免或减少轮胎打滑的情况，因此可使轮胎的使用寿命延长约 1/3。

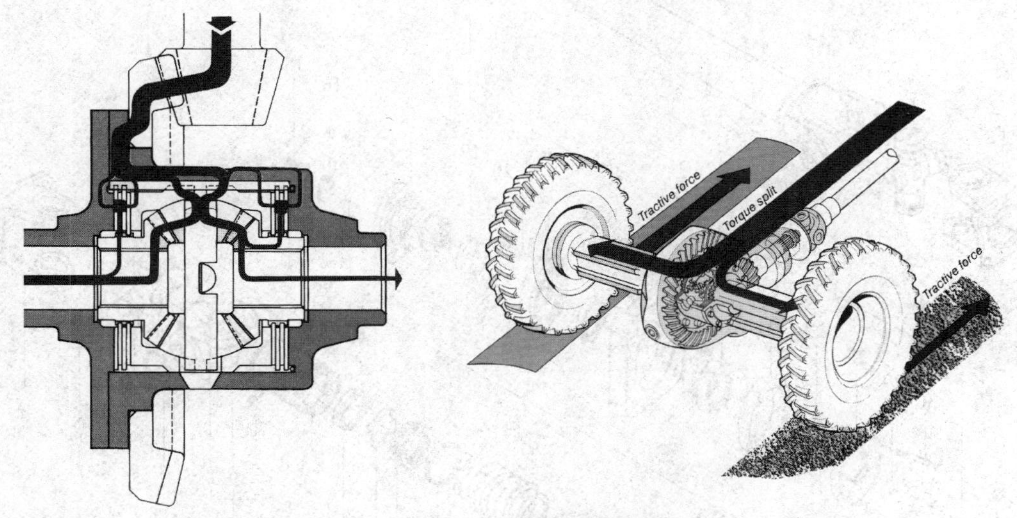

图 2—1—38　限滑差速器的作用

四、传动装置

因为装载机变速箱输出轴的轴线与驱动桥输入轴的轴线难以布置得重合，再加上装载机在运行过程中，由于道路和工作场地不平整，使两轴相对位置经常变化。所以，变速箱输出轴与驱动桥输入轴之间不能采用刚性连接，而应采用由 2 个十字轴万向节和 1 根传动轴组成的万向传动装置。人们习惯上将这种万向传动装置称为传动轴总成。有的装载机万向传动装置中还装有中间支承。

1. 传动轴的组成及工作原理

万向传动装置的功用就是连接不同轴的变速箱与驱动桥，并保证在变速箱与驱动桥间夹角和距离经常变化的情况下，仍将变速箱的动力可靠地传递给驱动桥。除了用于变速箱与驱动桥间的传动外，万向传动装置还可用于其他动力装置的动力输出。例如，有的装载机采用万向传动装置将变矩器的动力传给变速箱。

传动轴是万向传动装置的一个重要组成部分，通常用于变速箱与驱动桥之间的连接。前传动轴、后传动轴的结构如图 2—1—39、图 2—1—40 所示。传动轴一般由套管叉总成、万向节叉及花键轴总成等组成。装载机运行过程中，变速箱与驱动桥的相对位置经常变化，为避免运动干涉，传动轴中设有由滑动叉和花键轴组成的滑动花键连接，以实现传动轴长度的变化。为了减少磨损，还在传动轴上装有加注润滑脂的油杯、油封和花键护套等，确保花键轴在套管叉中的润滑，并防止水分及灰尘浸入。

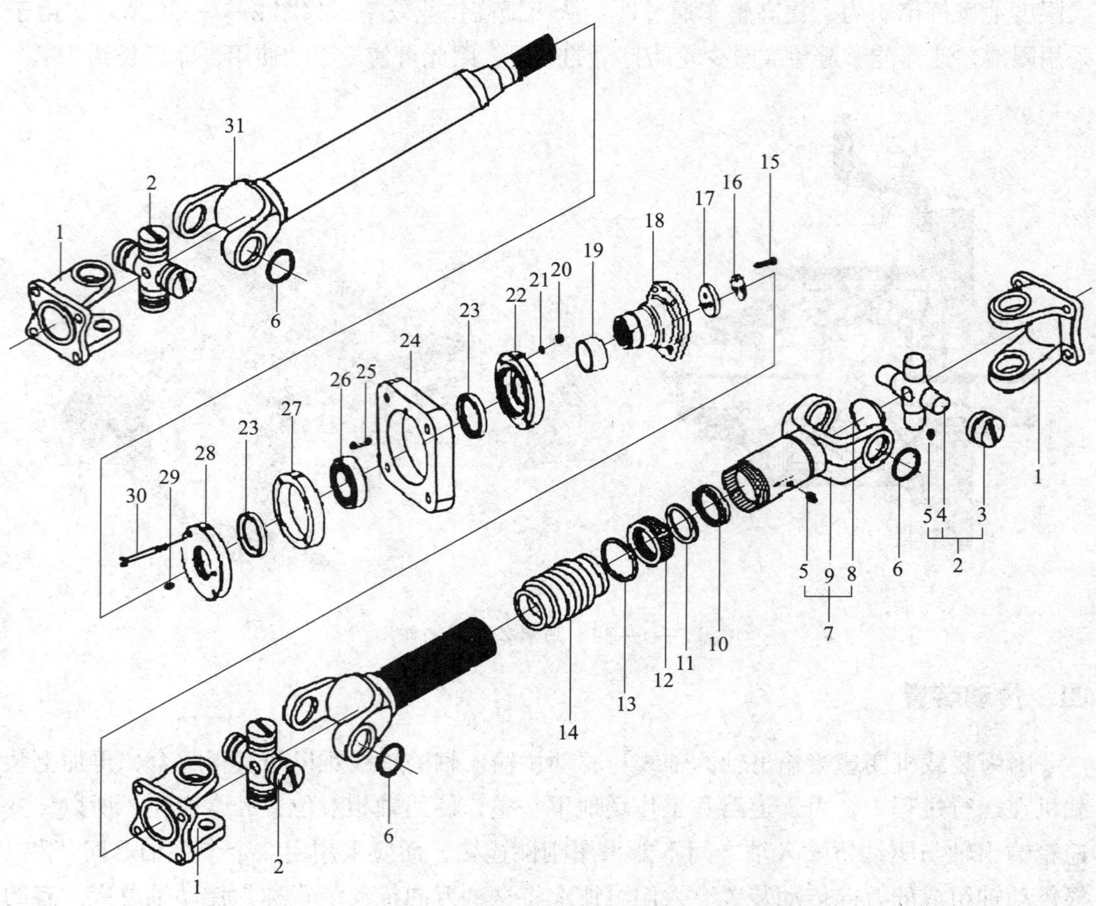

图 2—1—39　前传动轴的分解图

1—凸缘叉　2—万向节总成　3—十字轴滚针轴承总成　4—十字轴　5—直通滑油嘴　6—孔用弹性挡圈　7—套管叉总成　8—套管叉堵盖　9—套管叉　10—油封　11—油封垫片　12—油封盖　13—大卡环　14—防尘套　15—螺栓　16—锁板　17—垫板　18—花键叉　19—轴套　20—螺母　21—垫圈　22—前轴承座　23—轴承座　24—调心轴承（3511）　25—定位销　26—密封圈　27—骨架式橡胶油封　28—后轴承座　29—油杯　30—螺栓　31—花键轴叉

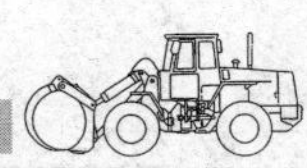

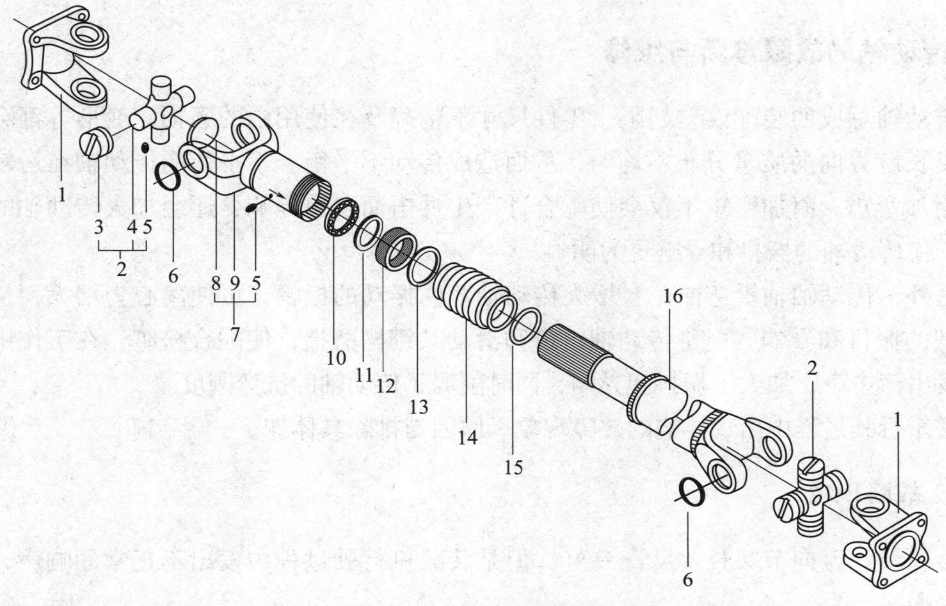

图 2—1—40　后传动轴的分解图

1—凸缘叉　2—万向节总成　3—十字轴滚针轴承总成　4—十字轴　5—直通滑油嘴　6—孔用弹性挡圈　7—套管叉总成　8—套管叉堵盖　9—套管叉　10—油封　11—油封垫片　12—油封盖　13—大卡环　14—花键护套　15—小卡环　16—传动轴万向节叉及花键轴总成

2. 万向节的组成及工作原理

装载机万向传动装置上使用的万向节为普通十字轴式刚性万向节。普通十字轴刚性万向节由十字轴、滚针轴承（4 个）、万向节叉（2 个）、油封和油杯等组成。为了减少摩擦、提高传动效率，在十字轴轴颈与套筒之间装有滚针轴承，并将套筒固定在万向节叉上，以防止轴承在离心力的作用下从万向节叉内脱落。为了润滑轴承，在十字轴内还钻有相互贯通的润滑油道，并在十字轴端面加工有凹槽，以便从油杯注入的润滑脂（黄油）能够到达滚针轴承的工作面上。十字轴万向节具有不等速传动的特点。

课题 2　传动系统的故障诊断与维修

学习目标

1. 熟悉传动系统常见故障现象。
2. 掌握传动系统的典型故障诊断与维修的方法。

一、传动轴的故障诊断与维修

传动轴总成的装配误差超限、零件尺寸不精确及在使用中的磨损、变形等都会使传动轴沿长度方向的质量分布不均匀，从而造成传动不平衡。不平衡的传动轴在运转中会产生附加弯矩。附加弯矩不仅会使配合件产生冲击而发出异响，还会加大传动轴的弯曲振动，使传动轴的振抖和异响更为明显。

另外，传动轴轴管弯曲，会增大传动轴弯曲振动的振幅，可使离心力增大，从而造成强烈的振抖和异响。由于传动轴键齿和滑动叉键槽磨损，使配合松旷，在工作中配合件会发出撞击声，加大了振抖和异响，同时削弱了传动轴的抗弯刚度。

整车行驶过程中出现异响的故障现象、原因与排除具体如下：

1. 故障现象

万向节和万向节叉技术状况良好，但是装载机行驶过程中发出不正常的响声，并伴有车身振抖。

2. 故障原因

（1）传动轴上的平衡块脱落。

（2）传动轴弯曲或传动轴管凹陷。

（3）传动轴管与万向节叉焊接不正，或传动轴未进行过动平衡试验和校准。

（4）传动轴万向节滑动叉的花键配合松旷。

（5）滚动轴承缺油烧蚀或磨损严重。

（6）前传动轴中间轴承座安装方法不当而造成附加载荷，因此产生异常磨损。

3. 故障排除

（1）如果周期性发响，应检查传动轴是否弯曲、凹陷，平衡块有无脱落，万向节滑动叉与花键配合是否松旷。

（2）如果出现连续振响，应检查中间轴承座及橡胶垫环是否径向间隙过大。如果径向间隙良好，可拆下轴承座，检查中间轴承有无松旷、支架螺栓是否松动等。另外，应及时给传动轴的各个轴承加注润滑脂。

二、万向节的故障诊断与维修

万向节在使用中的主要损伤是十字轴轴颈、端面磨损及滚针、轴承座孔磨损等。万向节零件的损伤使十字轴配合松旷，使其产生摆动和轴向窜动，不仅在工作中发出撞击

声，而且削弱传动轴的抗弯刚度。这样，传动轴的质量中心更加偏离旋转轴线，从而增强振抖和异响。

万向节松旷的故障现象、原因及排除具体如下：

1. 故障现象

在整车起步和突然改变车速时，发出“抗、抗”的响声；在缓速行驶时，发出“咣当、咣当”的响声。

2. 故障原因

（1）凸缘盘连接螺栓松动。

（2）万向节主、从动部分的游动角度太大。

（3）万向节的十字轴磨损严重。

3. 故障排除

用锤子轻轻敲击各万向节凸缘盘连接处，检查其松紧程度。如果万向节的配合过于松旷，则故障是由连接螺栓松动引起；否则，继续检查。

用双手分别握住万向节主动、从动部分转动。一般正常情况下，万向节的极限角度小于 6°。如果其极限角度过大，需要拆卸万向节叉及轴承，根据油封、轴颈、轴承的具体磨损情况更换损坏的零件。

三、驱动桥的故障诊断与维修

驱动桥的常见故障有异响，主传动轴承损坏，主动、从动螺旋锥齿轮损坏，漏油，过热，轮壳轴承损坏，轮边行星减速齿轮损坏；严重时，会发生驱动桥壳焊缝裂开或桥壳断裂等。

1. 驱动桥异响

（1）故障现象

1）装载机行驶时驱动桥有异响。

2）装载机直线行驶时无异响，转弯时驱动桥有异响。

3）车轮运转时发出噪声或沉重的异响。

（2）故障原因

主动、从动螺旋锥齿轮啮合间隙失常与啮合面不稳定是产生异响的主要原因。齿轮啮合间隙是指主动、从动螺旋锥齿轮、锥齿轮、半轴齿轮、半轴齿轮键槽与半轴花键齿的间隙。由于磨损或齿轮轮齿损坏及轴承松动等原因，齿轮间的正常啮合面与正常啮合间隙被破坏，在运转中就会产生碰撞、摩擦，从而发出响声。

其他原因还包括：车轮轮毂轴承损坏，轴承外圈松动；制动鼓里面有异物；车轮轮毂破碎；车轮轮辋、轮胎螺栓孔磨损过大，使轮辋的固定不牢靠。

（3）故障排除

当驱动桥发生故障时，首先要根据经验判断故障的位置，以及是否需要更换桥壳。如果不需要更换桥壳，则无须将驱动桥从车架上拆卸下来，一般只需要拆卸主传动部件或轮边行星减速机构。

在主传动部分中，如果主动螺旋锥齿轮处轴承损坏，则只需更换轴承、轴承套、密封盖、油封等，操作相对简单。如果差速器总成损坏，则必须拆卸整个主传动部分。首先必须将润滑油排放干净，然后按步骤将差速器从主传动托架上拆卸下来。

如果主动、从动螺旋齿轮啮合间隙失常或啮合面不稳定，则按照以下步骤进行：首先，在主动螺旋齿轮轮齿上涂以红色颜料（红丹粉与机油的混合物）；然后，使主动螺旋齿轮往复转动，从动锥齿轮轮齿的两个工作面上会出现红色印迹；通过调整主动螺旋齿轮的前后位置和从动螺旋齿轮的左右位置，调节齿面接触情况。应使从动螺旋齿轮轮齿正转和逆转工作面上的印迹均位于齿高的中间偏于小端的位置，占齿面宽度的60%以上，调整方法见表2—2—1。

表2—2—1　　主动、从动螺旋齿轮接触区及间隙调整方法

从动螺旋齿轮接触区	图示	调整方法
接触区正常（侧隙合适）		不需要调整
主动、从动螺旋齿轮太近（侧隙小）		将从动螺旋锥齿轮按箭头指示方向调整，拧松差速器壳体左侧螺母，拧紧右侧调整螺母
主动、从动螺旋齿轮太远（侧隙大）		将从动螺旋锥齿轮按箭头指示方向调整，拧紧差速器壳体左侧螺母，拧松右侧调整螺母

2. 驱动桥过热

（1）故障现象

装载机行驶一定里程后驱动桥壳油温、主传动螺旋锥齿轮处法兰的温度不得超过

90℃。判断的方法是用手轻触主减速器壳，也可用带有触头的温度计进行测量。如果用手触摸主减速器壳，感觉烫得无法承受，这就说明过热；手摸轴承部位，其热度能忍受，但是手不能长时间停留，这说明温度较高。

（2）故障原因

驱动桥过热的原因：齿轮或轴承啮合间隙过小；缺少润滑油。

（3）故障排除

1）调整主动螺旋锥齿轮总成。主动螺旋锥齿轮总成按要求装配后必须校核圆锥滚子轴承 31313、31314 的间隙。如果轴承间隙过大，轴承容易磨损；如果轴承间隙过小，轴承容易发生“烧坏”现象。作用在轴承套上旋转力矩为 35 ~ 45 N · m 时，保证主动螺旋锥齿轮不随着一起转动。如果主动螺旋锥齿轮随动，可更换两个轴承间的垫片或轴套并进行调整，以保证轴承合理的间隙，如图 2—2—1 所示。

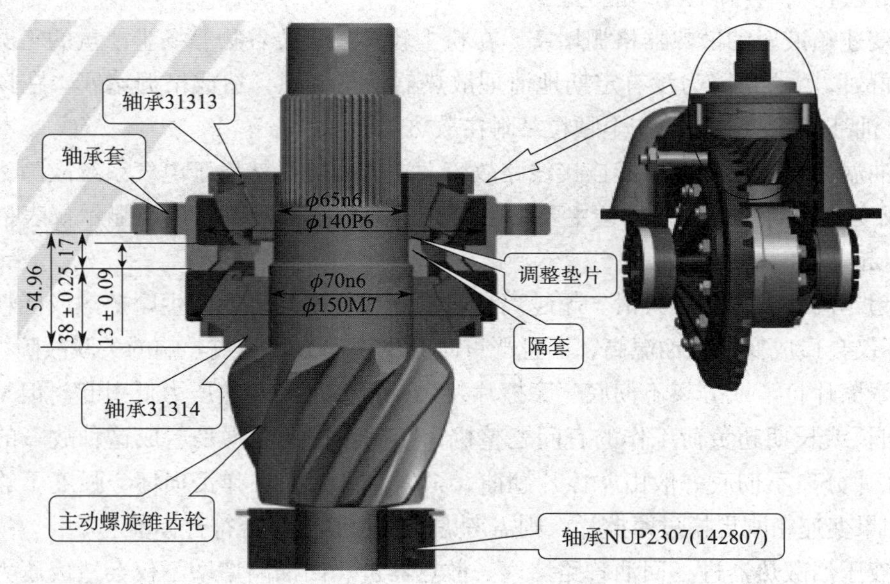

图 2—2—1　调整主动螺旋齿轮间隙

2）调整轮边、轮壳轴承间隙。首先将轮壳、制动盘、油封、油封端盖和 2 个圆锥滚子轴承组成的合件装到支承轴上，然后装入内齿圈和齿圈支架组件，装上圆螺母。一边拧紧圆螺母，一边转动轮壳，并敲打轮壳，使轴承正确就位。用圆螺母将轮壳紧固到可以勉强转动，然后将圆螺母倒退 1/10 圈，此时用手可以轻松转动轮壳，最后用内六角螺钉固定圆螺母。

四、动力换挡变速箱的故障诊断与维修

1. 动力换挡变速箱油温过高

动力换挡变速箱无论变矩器能量的转换还是换挡压力的实现都离不开作为工作介质的压力油。如果工作介质温度高，将直接影响传动系统的性能和液压元件的寿命。

（1）故障现象

液压传动供油系统的工作油温过高，超过了 110℃。

（2）故障原因

1）变速箱油位过高或过低。变速箱油位的高低直接影响油温的变化。受液压油散热器散热能力的影响，油液加注过多，不仅多承载了热量，而且导致散热循环频率减小；而油液加注过少，会降低冷却能力。

2）变速箱液压油散热器格栅堵塞。在粉尘较多或铲装谷物等扬尘严重的工况里经常出现这种故障。这是因为没有定期地清理散热器格栅缝隙，造成格栅堵塞。在扬尘严重的环境，油渍和水渍更易使灰尘颗粒黏附在散热器表面。

3）油温表、油温传感器或连接线路故障。这种故障虽然属于电气系统故障，但有时容易造成变速箱高温的假象。这主要是由变速压力传感器短路、油温显示仪表搭铁不良等原因引起。

4）超越离合器损坏或打滑。超越离合器损坏或打滑均可能产生摩擦热或能耗热。这种故障不仅会造成变速箱油温高，而且严重时会出现动力不足或异响的关联故障。

5）摩擦片打滑或分离不彻底。摩擦片发生打滑多数因变速压力低引起。但是，对于使用时间长或长期超负荷工作的有问题整机，摩擦片过度磨损是造成这种故障的主要原因。摩擦片分离不彻底一般由摩擦片翘曲、歪斜或活塞回位弹簧损坏、强度不够等原因引起。如果变速箱刚更换过摩擦片，则需考虑摩擦片厚度是否符合标准。

6）液压油散热器进、回油管路堵塞。散热器进、回油路堵塞不仅会造成压力升高而产生热量，同时也影响进入液压油散热器的流量。特别是在回油路堵塞时，容易造成散热器的损伤。

7）长时间超负荷或采用高速挡作业。这种故障是因为操作不当，驾驶员盲目地提高生产效率，而不顾设备的使用寿命造成的。

（3）故障排除

1）变速箱油位过高或过低的排除方法。按标准加注传动油。传动油液加注量的检查方法：首先，将整机停放于平坦地面上；其次，打开油位检查开关，再次，加注至油液流出；从次，起动发动机，使其怠速运转，补加油液直至放油开关有少量油液流出；最后，关闭放油开关即可。

2）变速箱液压油散热器格栅堵塞的排除方法。清理散热器格栅附着物，待散热器干燥后，再进入作业场所。

3）油温表、油温传感器或线路故障的排除方法。如果通过测量发现实际温度与显示温度不符，应及时将故障的排查方向转向电气系统。

4）超越离合器损坏或打滑的排除方法。更换超越离合器。

5）摩擦片打滑或分离不彻底的排除方法。更换摩擦片。

6）散热器进、回油管路堵塞的排除方法。更换散热器，清洗并疏通各油路，或更换油路管道。

7）长时间超负荷或采用高速挡作业的排除方法。应正确地引导操作者合理使用设备。

2. 动力换挡变速箱油压过低

（1）故障现象

通过测压口检测，变速压力小于 1.08 MPa，而变速压力正常值为 1.08 ~ 1.47 MPa。

（2）故障原因

1）变速泵内泄漏。变速泵磨损，造成齿轮和端盖间隙变大，引起泄压严重。系统压力过低，则进入变矩器的油量不足。如果变速泵进油管漏气或油底壳的油位过低，导致变速泵吸入空气，也会造成其供油量不足。

2）变速箱油底壳或压力油的过滤网堵塞。

3）调压阀压力设置低。如果调压阀阀芯磨损发生泄压或者变矩器压力阀失灵、卡滞，则调节阀起不到调节作用，都会造成变矩器输油不足、压力降低。系统压力过低，会导致油温升高；但当系统压力调整过高时，溢流阀不能正常溢流降压，造成内泄漏增加，致使系统温度升高。

4）变速操纵阀卡滞或弹簧断裂。变速操纵阀密封垫封堵油道孔。

5）变速箱体内置油道泄漏。变速箱吸油管密封件不严。由于变速箱内各活塞密封件过度磨损而产生泄漏，使液压系统的压力下降、离合器片打滑、油温升高。

（3）故障排除

1）变速泵内泄漏的故障排除方法。可根据压力表的读数判断，如果装载机运转在空挡状态时压力表读数不稳且摆度很大，读数低于正常值（1.1 ~ 1.5 MPa）且随发动机转速的升高而增大，说明变速泵失效。此时，应根据变速泵的磨损情况，采取修理或更换的方法。

2）变速箱油底壳或压力油的过滤网堵塞的排除方法。定期排出油液，清洁变速箱油底壳和过滤网；如果过滤网堵塞严重，可以更换。

3）调压阀压力设置低的故障排除方法。当调压阀泄漏较轻时，可通过调高系统压力来弥补产生的泄漏。如果阀芯磨损严重，应更换调压阀或阀芯，以提高系统压力。应将压力调整到标准范围。

4）变速阀的故障排除方法。清洁变速操作阀，更换密封垫，清除堵塞。如果弹簧断裂，更换变速操作阀。

5）变速箱内部泄漏的故障排除方法。可根据压力表的读数判断是否泄漏。正常情况下挂挡时，油液进入离合器压力表，使压力表的读数下降，随后再回升到空挡时的读数。如果空挡时读数正常，挂挡时读数下降后不能回升到空挡时的读数，装载机行驶无力，则说明有漏油点，且故障出现在变速操纵阀与该挡离合器活塞之间。更换相关密封件。

3. 动力换挡变速箱异响

（1）故障现象

装载机起动后，动力换挡变速箱异响。

（2）故障原因

由于行星式动力换挡变速箱中部分齿轮的轴线在空间旋转（即没有固定的轴线），因此行星式动力换挡变速箱存在异响的概率高于定轴式动力换挡变速箱。

1）变速箱油底壳滤网堵塞或吸油管密封不严。变速箱油底壳堵塞故障常出现在使用时间较长的设备中。因传动油液长期未更换，滤网长期未清理，造成变速泵吸油阻力加大而产生异常响声。

2）泵轴驱动齿轮异响。

①泵轴齿轮与变矩器主动齿轮啮合间隙不符合要求。如果主动、从动齿轮不合格或用错型号、轴承与轴承座的孔加工尺寸存在误差、装配不到位等，均可造成啮合间隙不符合要求。

②泵轴支撑轴承损坏。如果设备长期使用，则泵轴多数表现为磨损或保持架疲劳断裂。如果出现故障的频次较多时，需检查轴承润滑是否不良以及前、后支撑轴承是否存在同轴度误差等。

③工作泵或转向泵压力异常。因为工作泵和转向泵是通过泵轴直接驱动的，所以液压系统压力的变化会直接作用在泵轴上。如果液压系统的脉动压力超高等，将表现为工作泵或转向泵压力异常。

3）变速箱内轴承或齿轮件损坏；齿轮啮合间隙不符合标准或齿轮加工不标准；变速箱行星排未装配好；超越离合器损坏或打滑。

4）驻车制动盘异响。

（3）故障排除

1）变速箱油底壳滤网堵塞或吸油管密封不严。处理方法：按要求定期更换标准牌号的传动油并清理油底壳滤网。吸油管密封不严造成液压系统进气，进气点主要集中在吸油管的两端 O 形密封圈密封处以及变速泵进油口的接头处。排除方法：紧固松动接头或更换损坏的 O 形密封圈。

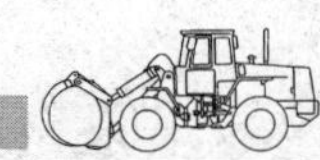

2）造成泵轴驱动轮异响的主要原因。

①泵轴齿轮与变矩器主动齿轮啮合间隙不符合要求的排除方法。需拆解并认真测量齿轮参数以及加工孔的相对尺寸。如果测量结果不符合要求，应采取更换或重新装配的办法。

②泵轴支撑轴承损坏的排除方法。如果设备长期使用，应更换磨损的支撑轴承或断裂的保持架。如果出现故障的频次较多，应给轴承加注润滑脂，以及调整前、后支撑轴承的同轴度等。

③工作泵或转向泵压力异常的排除方法。测量液压系统压力，发现异常时予以排除。

由于异响声音会随压力的变化而变化，因此可根据工作系统或转向液压系统动作，来区分是工作泵轴还是转向泵轴出现了异常。

3）变速箱内轴承或齿轮件损坏，齿轮啮合间隙不符合标准或齿轮加工不标准，以及变速箱行星排未装配到位的排除方法。检查时，注意整机负载加大的同时异响随之加大；故障严重时，拆检变速箱油底壳，查看是否有明显易见的金属碎屑。拆检变速箱后，更换损坏的零部件。

4）驻车制动盘异响的排除方法。可通过原地不动和行驶两种形式来区分。因为成对摩擦片回位时需借助弹簧力复位，所以当出现干涉或弹簧断裂时，异响常表现为摩擦声或弹簧振动异常的声音。应检修干涉点或更换复位弹簧。

五、液力变矩器的故障诊断与维修

1. 液力变矩器不工作

（1）故障现象

从液力变矩器的观察孔观察到液力变矩器不工作。

（2）故障原因

1）油泵上的键磨损而使配合松旷，主动、从动齿轮磨损严重，或油泵损坏。

2）液压油路堵塞，油泵故障，导轮座内的锥形套滚动、定位销断裂，或导轮座的螺母松动等。

（3）故障排除

应首先检查液力变矩器的进油及回油情况。如果没有回油，说明液压油没有进入液力变矩器中，应根据实际情况进行下列检查：

1）如果车辆冷车行驶正常而热车行驶困难，故障原因：油泵上的键磨损而使配合松旷；主动、从动齿轮磨损严重；油泵损坏。

2）如果液力变矩器无动力输出，或时而工作时而不工作，故障原因：液压油路堵塞；油泵故障；导轮座内的锥形套滚动、定位销断裂，或导轮座的螺母松动等。

2. 液力变矩器过热

（1）故障现象

液力传动供油系统的工作油温过高，超过了 110℃。

（2）故障原因

1）变速箱油位过低。

2）冷却系统中冷却液的液位过低。

3）油品牌号不对或变质。

4）油管及冷却器堵塞或太脏。

5）变矩器在低效率范围内工作时间太长。

6）工作轮的紧固螺钉松动，轴承配合松动或损坏。

（3）故障排除

出现此情况，立即停车，让发动机怠速运转，检查冷却系统的冷却液是否泄漏，冷却液箱是否加满。如果冷却系统正常，则应检查变速箱油位是否位于油尺最高、最低的标记之间。如果油位过低，应使用同牌号的油液补充；如果油位过高，则必须排油，使油位降低至适当高度。如果油位符合要求，则应调整机械部分的工作状况，使变矩器在高效区范围内工作，尽量避免在低效率区长时间工作。调整机械工作状况后，油温仍过高，应检查油管和冷却器的温度。如果用手触摸时感觉温度低，说明泄油管或冷却器堵塞或太脏，应将泄油管拆下，检查是否有沉积物堵塞。如果有沉积物，应予以清除，再装上接头，并密封泄油管。触摸冷却器时感觉温度很高，应从变矩器壳体内放出少量油液检查。如果油液中有金属屑，说明轴承松旷或损坏，导致泵轮和涡轮磨损，应对其分解，更换轴承，并检查泵轮与轮毂紧固螺栓是否松动。如果紧固螺栓松动，应予以紧固。上述检查项目均正常，油温仍高，则应检查导轮工作是否正常。方法是：将发动机油门全开，使液力变矩器处于零速工况；液力变矩器油温上升到一定值后，再将液力变矩器换入液力耦合工况，观察油温下降程度。如果油温下降速度很慢，则可能是由于单向离合器（又称为自由轮）卡死而使导轮闭锁，应拆解液力变矩器进行检修。

六、传动系统的其他故障诊断与维修

1. 装载机挂挡不行驶

（1）故障现象

挂挡后，装载机不能正常行驶。

（2）故障原因与故障排除（表 2—2—2）

表 2—2—2　　挂挡后装载机不能正常行驶的故障原因与故障排除

故障原因	故障排除
挡位未挂到位置	重新将挡位挂到位置
带高、低速的定轴变速箱中，高、低速操纵杆未挂到位	将高、低速操纵杆挂到位
变速箱内油量过少	按规定量加注同牌号的油液
变速箱油底壳滤网或变速泵吸油滤网堵塞	清洗或更换滤网
变速泵吸油胶管老化起皮而堵塞或变速泵吸油管接头松动而进气	更换或紧固变速泵吸油管
变速泵严重内泄	更换变速泵
变速泵驱动齿轮或驱动轴断裂	更换变速泵驱动齿轮或驱动轴
变速操纵阀调压弹簧断裂	更换变速操纵阀调压弹簧
动力切断阀卡死在切断位置	清洗并检修动力切断阀阀芯
没有压缩空气进入切断气缸（带动力切断气缸的）	检修制动系统气路
中间输出齿轮的连接螺栓全部切断	更换并重新安装中间输出齿轮的连接螺栓
弹性板与罩轮连接螺栓或弹性板与发动机飞轮连接螺栓全部切断	更换连接螺栓

2. 变速箱等挡

（1）故障现象

装载机挂挡后，变速压力上升缓慢，要等待几秒钟后才能行驶。

（2）故障原因与故障排除（表 2—2—3）

表 2—2—3　　装载机等挡的故障原因与故障排除

故障原因	故障排除
变速箱内油量过少	按规定量添加变速箱油
变速箱油底滤网堵塞或变速泵吸油管堵塞，因为进油不畅，造成挂挡后反应慢（即等挡）	清洗变速箱油底滤网或更换变速泵吸油管
变速泵进油管接头松动而进气	紧固变速泵进油管
变速泵内泄	更换变速泵
变速操纵阀调压阀弹簧折断失效或被卡	更换调压阀弹簧；或拆检，以消除卡滞现象
变速操纵阀蓄能器活塞卡住或进蓄能器油路堵塞	拆检清洗并消除卡住的现象，检查进蓄能器的油路
动力切断阀回位不好	拆检清洗切断阀阀芯，并检查切断阀阀芯回位弹簧
如果在某挡出现等挡，应对该挡油路及密封件进行检查	清理该挡油路或更换该挡密封件

3. 装载机行驶无力

（1）故障现象

装载机行驶过程中，感觉各挡均无力，驱动力不足。

（2）故障原因与故障排除（表 2—2—4）

表 2—2—4　　装载机行驶无力的故障原因与故障排除

故障原因		故障排除
变速系统压力低，造成行驶无力	变速箱内油量过少或油质太差	按规定量加注合格的变速箱油
	变速箱油底滤网或变速泵吸油滤网堵塞	清洗或更换滤网
	变速泵吸油胶管老化起皮堵塞或变速泵吸油管接头松动进气	更换或紧固变速泵吸油管
	变速泵内泄	更换变速泵
	变速操纵阀蓄能器活塞被卡或进蓄能器油路堵塞	拆检并清洗变速操纵阀蓄能器
	变速操纵阀调压弹簧断裂	更换变速操纵阀调压弹簧
变速器油温过高，造成行驶无力	变矩器进、回油压力低	更换变矩器进、回油压力阀弹簧
	变速箱内摩擦片过度磨损而打滑	更换摩擦片
	变矩器液压油散热器堵塞，散热效果不好	清理、检修或更换散热器
	长时间超负荷工作	停机冷却
变矩器内元件损坏		检修变矩器并更换损坏元件
超越离合器损坏或打滑		修理或更换超越离合器
驱动桥故障造成行驶无力	半轴或轮边支承轴断裂	检查并更换半轴及修理，或更换桥壳与轮边支承轴总成
	主传动齿轮（大、小螺旋锥齿轮）或轴承严重损坏	检查并更换齿轮副或轴承
	差速器损坏	检修或更换差速器总成
	轮边减速器齿轮或轴承严重损坏	检查并更换轮边减速器齿轮或轴承
制动器抱死未松开		检查制动器抱死原因并排除

4. 装载机没有Ⅰ挡

（1）故障现象

装载机挂在Ⅰ挡无动作。

（2）故障原因及故障排除（表 2—2—5）

表 2—2—5　　装载机没有 I 挡的故障原因与故障排除

故障原因	故障排除
操纵杆没挂到位置	重新调整操纵杆，将挡位挂到位
变速操纵阀阀体上一挡油道开裂泄油，压力油不能进入 I 挡，致使无 I 挡	更换变速操纵阀
变速操纵阀与变速箱体结合密封垫片一挡油道处损坏而泄油，压力油不能进入 I 挡，致使无 I 挡	更换变速操纵阀与变速箱体垫片
I 挡油缸体开裂或有砂眼，压力油泄漏致使无 I 挡	更换 I 挡油缸体
I 挡油缸体与变速箱体结合处密封圈损坏，压力油泄漏致使无 I 挡	更换 I 挡油缸体与变速箱体结合处密封圈
I 挡活塞开裂或有砂眼，压力油泄漏致使无 I 挡	更换 I 挡活塞
I 挡活塞密封件严重损坏	更换 I 挡活塞密封件
I 挡轴端密封环损坏	更换 I 挡轴端密封环
I 挡内齿圈开裂	开箱检查并更换 I 挡内齿圈
I 挡行星齿轮损坏被卡住	开箱检查，并更换损坏 I 挡行星齿轮
I 挡主动、从动摩擦片损坏	开箱检查，并更换 I 挡主动、从动摩擦片

5. 装载机没有倒挡

（1）故障现象

装载机只有前进挡，没有倒挡。

（2）故障原因与故障排除（表 2—2—6）

表 2—2—6　　装载机没有倒挡的故障原因与故障排除

故障原因	故障排除
操纵杆没挂到位	重新调整操纵杆，将挡位挂到位
变速操纵阀阀体上倒挡油道开裂泄油，压力油不能进入倒挡，致使无倒挡	更换变速操纵阀
变速操纵阀与变速箱体结合部位倒挡油道处密封垫片损坏而泄油，压力油不能进入倒挡，致使无倒挡	更换变速操纵阀与变速箱体垫片
倒挡油缸或箱体开裂或有砂眼，压力油泄漏致使无倒挡（行星变速箱的倒挡油缸是直接在箱体上加工的）	更换倒挡油缸体或变速箱箱体（行星箱）
倒挡活塞卡住、开裂或有砂眼，压力油泄漏，致使无倒挡	更换倒挡活塞
倒挡活塞密封件严重损坏	更换倒挡活塞密封件
倒挡轴端密封环损坏	更换倒挡轴密封环

续表

故障原因	故障排除
倒挡内齿圈开裂	开箱检查，并更换倒挡内齿圈
倒挡行星齿轮损坏被卡住	开箱检查，并更换损坏倒挡行星齿轮
倒挡主动、从动摩擦片损坏	开箱检查，并更换倒挡主动、从动摩擦片

6. 装载机没有 I 挡和倒挡

（1）故障现象

装载机行驶时，没有 I 挡和倒挡。

（2）故障原因与故障排除（表 2—2—7）

表 2—2—7　　装载机没有 I 挡和倒挡的故障原因与故障排除

故障原因	故障排除
I 挡行星架总成上的直接挡连接盘固定螺栓全部切断或松动而脱落，或者直接挡连接盘断裂造成 I 挡和倒挡扭矩传递不到直接挡而无法输出	修复或更换 I 挡行星架总成

7. 变速箱油温过高

（1）故障现象

变速箱油温过高，超过正常工作温度。

（2）故障原因与故障排除（表 2—2—8）

表 2—2—8　　装载机油温过高的故障原因与故障排除

故障原因	故障排除
变速箱油量过多或过少	按规定量加注变速箱油
用油不当或油液变质	加注标准变速箱油
变速箱油底滤网堵塞或变速泵吸油胶管堵塞	清洗变速箱油底滤网或更换变速泵吸油胶管
变速泵内泄严重	更换变速泵
变速操纵阀压力弹簧断，压力低	更换变速操纵阀压力弹簧
超越离合器损坏，打滑	修理或更换超越离合器
变矩器进回油压力低	更换变矩器进回油压力阀弹簧
变矩器内元件损坏	检修变矩器
变速箱内摩擦片过度磨损而打滑	更换摩擦片
变矩器油散热器堵塞，散热效果不好	清理、检修或更换散热器
长时间超负荷工作	停机冷却

8. 装载机挂不上挡

（1）故障现象

装载机工作时，挡位操纵杆拉不动，挡位挂不上。

（2）故障原因与故障排除（表 2—2—9）

表 2—2—9　　装载机挂不上挡的故障原因与故障排除

故障原因	故障排除
变速操纵器损坏	更换变速操纵器
变速操纵阀阀芯卡死	清洗或更换变速操纵阀
变速操纵阀的固定螺栓紧固不均匀或拧得过紧	重新调整、紧固变速操纵阀的固定螺栓

9. 装载机挂挡有冲击

（1）故障现象

装载机挂挡时有冲击声。

（2）故障原因与故障排除（表 2—2—10）

表 2—2—10　　装载机挂挡有冲击的故障原因与故障排除

故障原因	故障排除
变速系统压力过高	应检查变速操纵阀的减压阀芯是否卡滞，压力弹簧是否过硬、过长，必要时应清洗或更换变速操纵阀
变速操纵蓄能器卡滞，变速操纵阀节流阀或单向阀小孔油路堵塞	清洗或更换变速操纵阀

10. 装载机各挡压力低

（1）故障现象

装载机工作时，各挡位压力低。

（2）故障原因与故障排除（表 2—2—11）

表 2—2—11　　装载机各挡压力低的故障原因与故障排除

故障原因	故障排除
变速箱油底油位过低	加油到规定油位
主油道漏油	检查主油道，维修或更换
变速箱滤油器堵塞	清洗或更换滤油器

续表

故障原因	故障排除
变速泵失效	拆开检查或更换变速泵
变速操纵阀调压阀弹簧不当	按规定重新调整
变速操纵阀调压阀弹簧失效	更换调压阀弹簧
变速操纵阀调压阀或蓄能器活塞被卡	拆检并消除卡滞的现象

11. 装载机不能行驶

装载机不能行驶的故障分析

（1）故障现象

装载机起动后不能行驶。

（2）故障原因与故障排除（表 2—2—12）

表 2—2—12　　装载机不能行驶的故障原因与故障排除

故障原因	故障排除
变速操纵阀的切断阀阀芯不能回位	拆检切断阀，找出不能回位的原因，并予以排除
未挂上挡	重新挂挡或调整变速操纵杆
变速操纵阀调压弹簧折断	更换调压弹簧

12. 装载机驱动力不足

（1）故障现象

装载机工作时，明显感觉驱动力不足。

（2）故障原因与故障排除（表 2—2—13）

表 2—2—13　　装载机驱动力不足的故障原因与故障排除

故障原因	故障排除
变矩器叶轮损坏	拆检变矩器，并更换叶轮
超越离合器损坏	拆检超越离合器，并更换
发动机输出功率不足	检修发动机

13. 变速箱油位增高

（1）故障现象

装载机工作时，挡位操纵杆拉不动，挡位挂不上。

（2）故障原因与故障排除（表2—2—14）

表2—2—14　　装载机变速箱油位增高的故障原因与故障排除

故障原因	故障排除
转向泵轴端窜油	更换转向泵轴端油封
工作装置液压系统工作泵轴端窜油	更换工作泵轴端油封

模块三 装载机制动系统的故障诊断与维修

课题 1　制动系统的结构组成与工作原理

学习目标

1. 熟悉制动系统的结构组成。
2. 掌握制动系统的工作原理。

一、装载机制动系统的类型

轮式装载机的制动系统是用来对行驶中的装载机施加阻力，迫使其降低速度或停车，以及在停车之后，使装载机保持在原位置，不致因路面倾斜或其他外力作用而移动的装置。轮式装载机一般装有 2 个独立的制动系统：行车制动系统、驻车制动系统。

行车制动系统是用于在行驶中降低车速或使装载机停止，它主要是通过制动驱动桥来实现。由于制动时驾驶员用脚来控制制动器进行制动，因此俗称脚制动或脚刹。驻车制动系统用于停车后保持装载机在原位置，它主要是通过制动变速箱输出轴来实现。由于制动时驾驶员用手来控制制动器，因此俗称手制动或手刹。

目前，装载机的制动系统主要有两种类型：干式制动系统（即气推油制动系统）和湿式制动系统（即全液压制动系统）。干式制动系统的主要特点是发动机自带打气泵，为制动系统提供气源。因为气体压力不能达到制动所需的压力要求，所以采用加力器来实现增压，通过行车制动阀来控制制动。其主要优点是便于维护。当进行维修时，由于该系统在加力器之前使用气体介质，维护时油液不会到处流淌，比较环保。另外，该系统技术比较成熟，成本比较低。它的缺点：由于该制动系统采用气、液两种介质，需要两套管路，装载机排气时噪声比较大；容易产生气阻，导致制动失灵，容易造成危险，需要单独加制动液。所以，干式制动系统主要适用于 6 t 以下的国产装载机。因为 6 t 以上规格的装载机需要的制动压力较高，所以干式制动系统无法满足其制动要求。因此，6 t 以上的装载机均采用湿式制动系统。湿式制动器采用液压驱动，全封闭多片、单制动活塞推进结构；环形工作面积较大，受力均匀，可在较小衬片压力下获得较大的制动力矩，而元件承受压力降低，摩擦片单位比压小；油液循环的散热冷却性能好；防止了泥、水、油的浸入，从而减少了维修、保养费用，延长了制动器的使用寿命。

近年来，一些装载机上还装有行车制动、驻车制动二合一的制动系统。该系统不仅具有驻车制动系统的功能，还可在行车制动失效时实现应急制动，同时还具有低气压保护和起步保护的功能（即当系统气压低于设定的安全气压时，可自动切断动力并实施制动）。

二、干式制动系统的结构组成及工作原理

干式制动系统的组成及位置

以 ZL50G 型装载机的制动系统为例介绍干式制动系统。

1. 结构组成

ZL50G 型装载机行车制动系统为气顶油钳盘式制动的单管路制动系统，属于干式制动系统，如图 3—1—1 所示。系统由空气压缩机、多功能卸荷阀、储气罐、空气加力泵、钳盘式制动器（又称为制动钳）、行车制动控制阀、驻车制动控制阀、截止阀、切断气缸、制动气室、安全阀及气、油管路组成。系统具有制动平稳、安全可靠、结构简单、维修方便、沾水复原性好等特点。

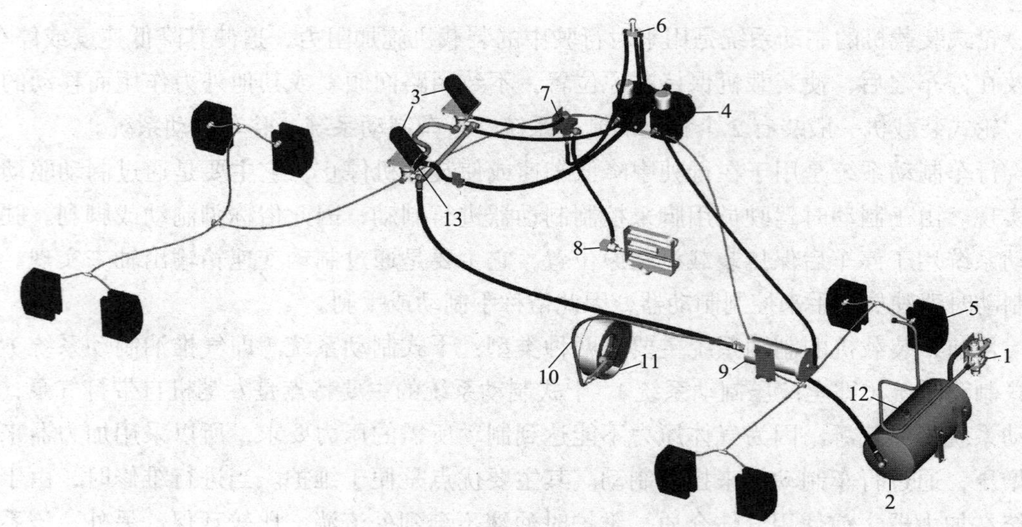

图 3—1—1 ZL50G 型制动系统位置简图

1—多功能卸荷阀 2—储气罐 3—行车制动踏板 4—空气加力泵 5—制动钳 6—驻车制动控制阀 7—截止阀 8—切断气缸 9—驻车制动气室 10—软轴 11—蹄式制动器 12—安全阀 13—三通阀

（1）空气加力泵

空气加力泵由发动机带动输出压缩空气，经过油水分离组合阀（油水分离器和压力控制阀）进入储气罐，储气罐的气压一般都设定为 0.784 MPa，如图 3—1—2 所示。

在制动时，踩下制动踏板，来自储气罐内的压缩空气进入空气加力泵。空气加力泵将气压转化为液压，输出高压制动液（压力一般为 12 MPa 左右）；高压制动液推动钳盘式制动器的活塞，将摩擦片压紧在制动盘上实现制动。

（2）钳盘式制动器（图 3—1—3、图 3—1—4）

不制动时，摩擦片与制动盘之间的间隙为 0.2 mm 左右，因此制动盘可以随车轮一起自由转动。

制动时，制动油液经油管和内油道进入每个制动钳上的分泵中，分泵活塞在油压作

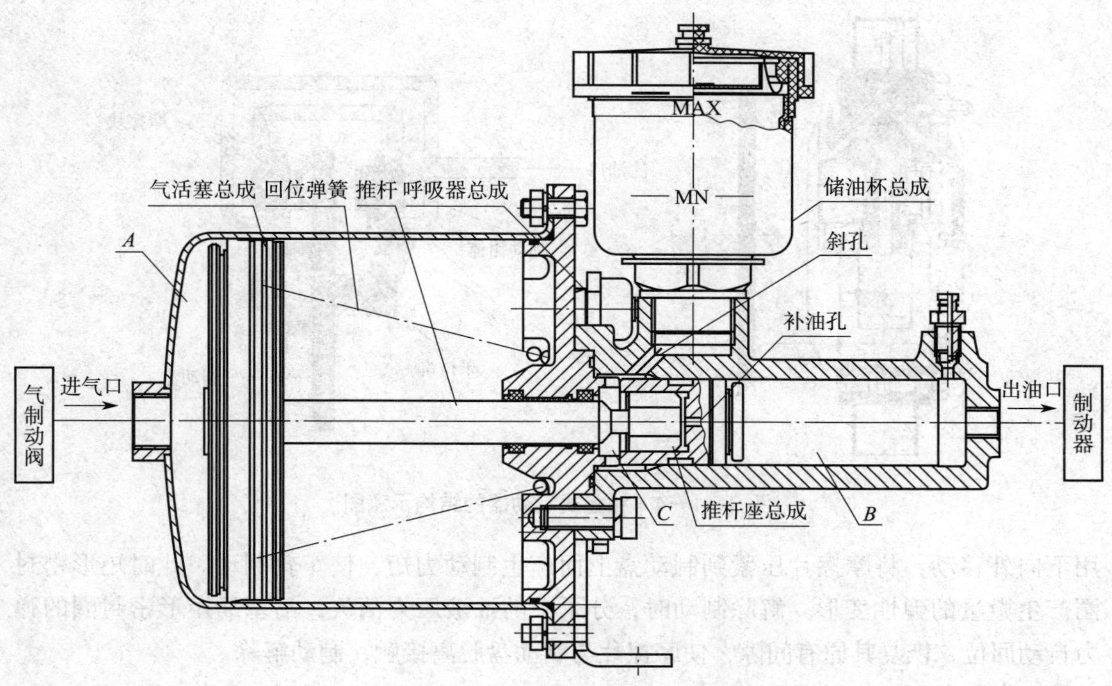

图 3—1—2　空气加力泵

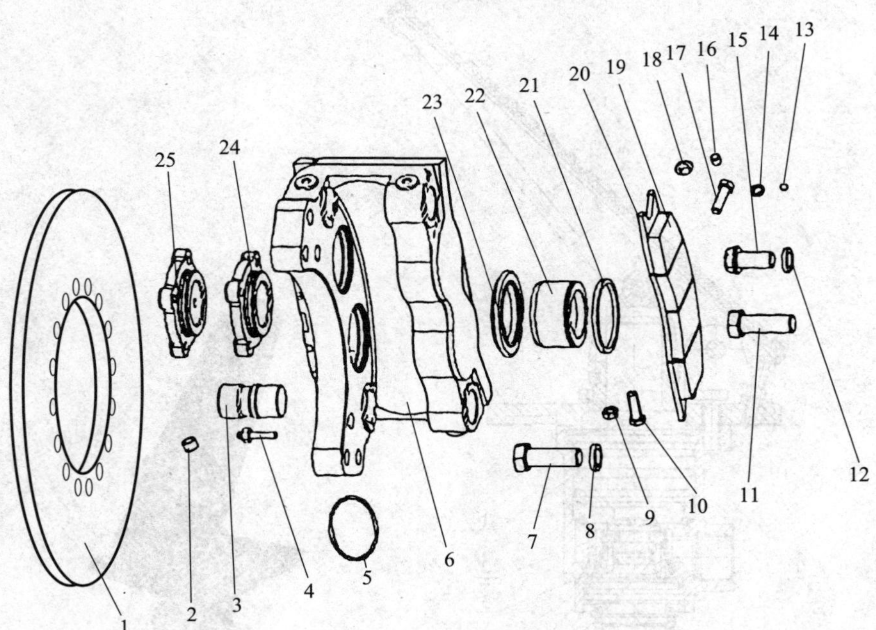

图 3—1—3　钳盘式制动器的分解图

1—制动盘　2—放气嘴保护罩　3—销轴　4—放气嘴　5—O 形密封圈（ϕ75）　6—夹钳体　8—垫圈（ϕ20）　9—螺母（M10）　7、10、11、15、17—螺栓　12—垫圈（ϕ18）　13—钢球　14—垫圈（ϕ10）　16—圆柱销　18—孔塞　19—摩擦片　20—摩擦垫块底板　21—矩形密封圈　22—活塞　23—防尘圈　24—进油分泵盖　25—封油分泵盖

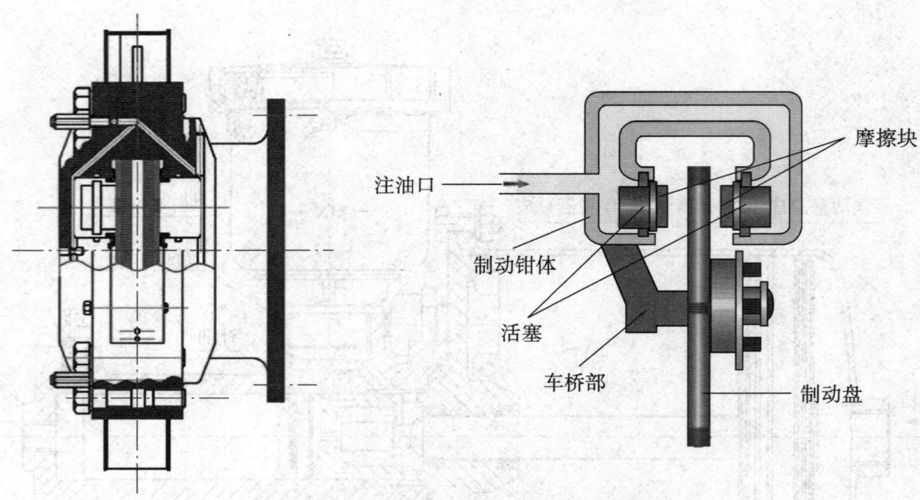

图 3—1—4　钳盘式制动器的结构示意图

用下向外移动，将摩擦片压紧到制动盘上而产生制动力矩，使车轮制动。此时矩形密封圈产生微量的弹性变形。解除制动时，分泵中的油液压力消失，活塞靠矩形密封圈的弹力自动回位，恢复其原有间隙，使摩擦片与制动盘脱离接触，制动解除。

（3）行车制动控制阀（图 3—1—5）

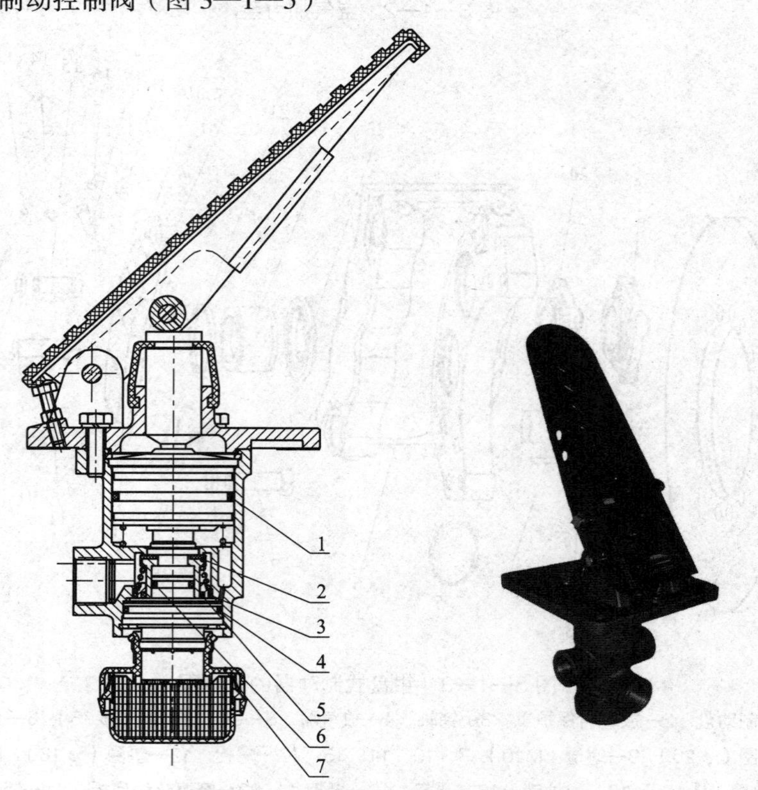

图 3—1—5　行车制动控制阀

1、3、4、5、6—O 形密封圈　2—阀门总成　7—消音器

（4）驻车制动控制阀（图 3—1—6）

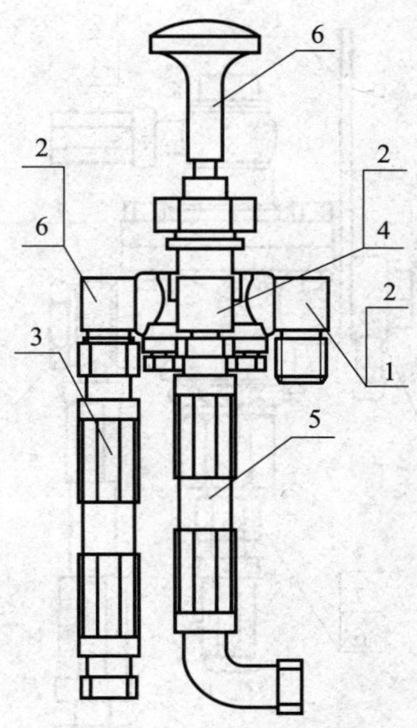

图 3—1—6　驻车制动控制阀

1、4、7—接头　2—O 形密封圈（ϕ 10.6）　3—至气控截止阀气管
5—开关阀进气管　6—控制按钮

（5）储气罐总成（图 3—1—7）

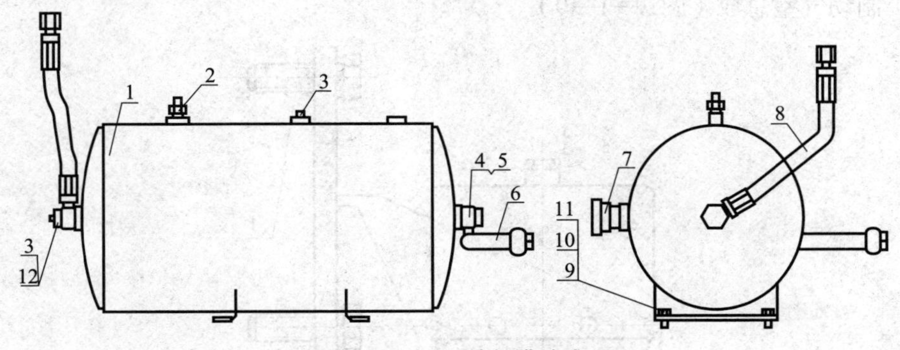

图 3—1—7　储气罐总成

1—储气罐罐体　2—安全阀　3—螺塞　4—螺栓　5—组合垫圈 22　6—储气罐进气管　7—手动放水阀
8—储气罐出气管　9—螺栓（M8）　10、11—垫圈（ϕ 8）　12—螺栓

储气罐总成包括储气罐罐体、堵头、放水阀和密封圈。储气罐有整体式和分开式。整体式储气罐只有 1 个独立的空间。分开式储气罐有 2 个或多个独立的空间，每个独立的空间配 1 个放水阀。储气罐开口规格一般为 M22 × 1.5 mm。储气罐的规格用其外径来表示，主要有 ϕ 245、ϕ 274、ϕ 280 mm 等。

（6）截止阀（图 3—1—8）

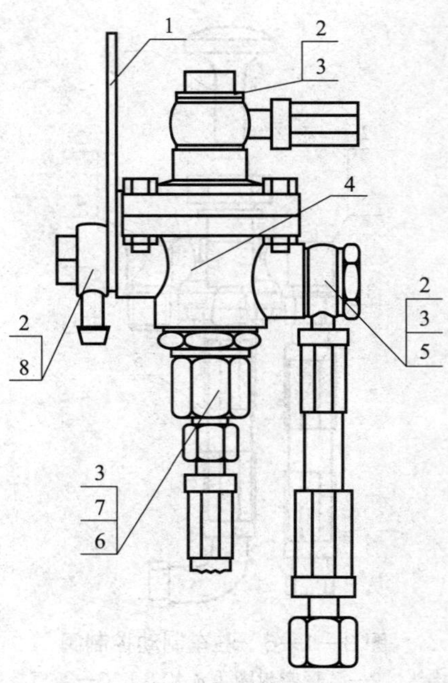

图 3—1—8　截止阀

1—固定板　2—螺栓　3—垫圈（ϕ22）　4—气控截止阀　5—至切断气缸气管　6、8—接头　7—O 形密封圈（ϕ10.6）

（7）制动气室总成（图 3—1—9）

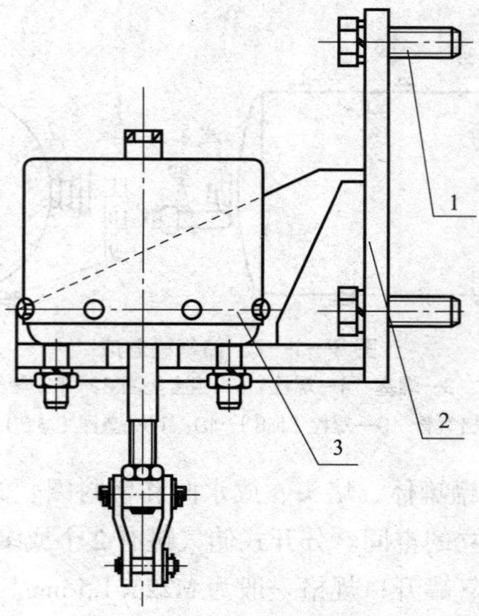

图 3—1—9　制动气室总成

1—螺栓（M20）　2—制动气缸支架　3—制动气缸

（8）多功能卸荷阀（图 3—1—10）

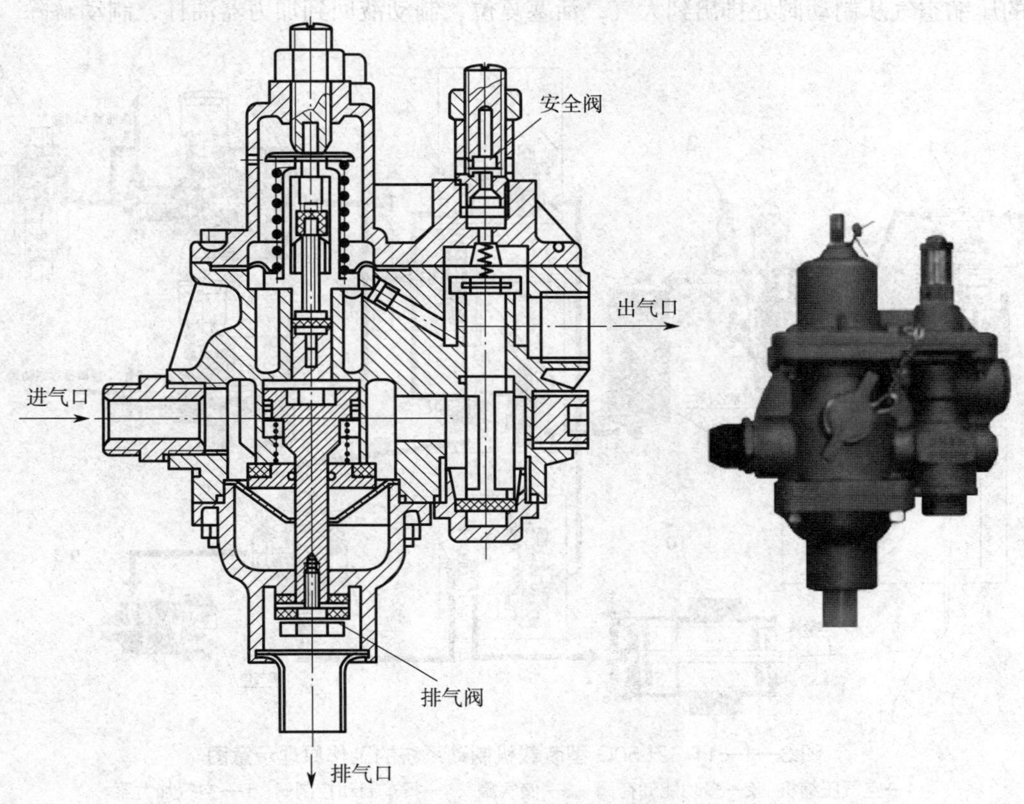

图 3—1—10　多功能卸荷阀

多功能卸荷阀有 2 个主要功能：一是排气、油水分离的功能，即当气体压力超过 0.78 MPa 时，排气阀自动打开，同时过滤网下的油、水等杂质自动排出；二是安全保护功能，即当气压超过 0.85 MPa 时安全阀打开，降低系统内压力，起到安全保护的作用。

2. 工作原理

ZL50G 型装载制动系统的工作原理示意图如图 3—1—11 所示。

（1）行车制动系统

行车制动系统是用于一般行驶中经常性的速度控制及停车，俗称脚制动。ZL50G 型装载机行车制动采用气顶油钳盘式制动系统，具有制动平稳、安全可靠、结构简单、维修方便、沾水复原性好等特点，如图 3—1—12 所示。工作原理：空气压缩机由发动机带动，压缩空气经单向阀进入储气罐，压力为 0.78 MPa；踩下制动踏板，储气罐里的压缩空气分两路分别进入前、后空气加力泵（又称为前、后加力器）的气缸，推动气缸里的气活塞，带动油活塞，给制动液加压（油压约为 12 MPa）。压力油推动钳盘式制动器的活塞，使摩擦片压紧在制动盘上，实施制动。松开制动阀踏板，在弹簧力作用下，加力器内的压缩空气从制动阀处排出到大气，活塞复位，制动液回到加力器油杯，制动解除。

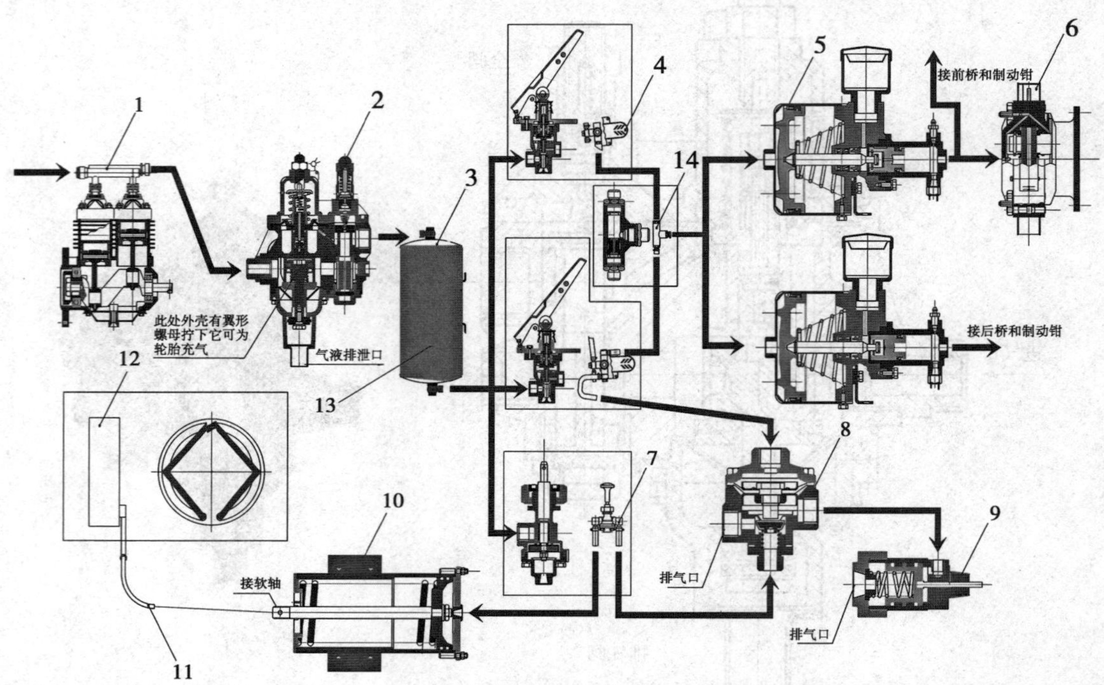

图 3—1—11 ZL50G 型装载机制动系统的工作原理示意图

1—空气压缩机 2—多功能卸荷阀 3—储气罐 4—行车制动控制阀 5—空气加力泵 6—制动钳 7—驻车制动控制器 8—截止阀 9—切断气缸 10—制动气缸 11—软轴 12—蹄式制动器 13—安全阀 14—三通阀总成

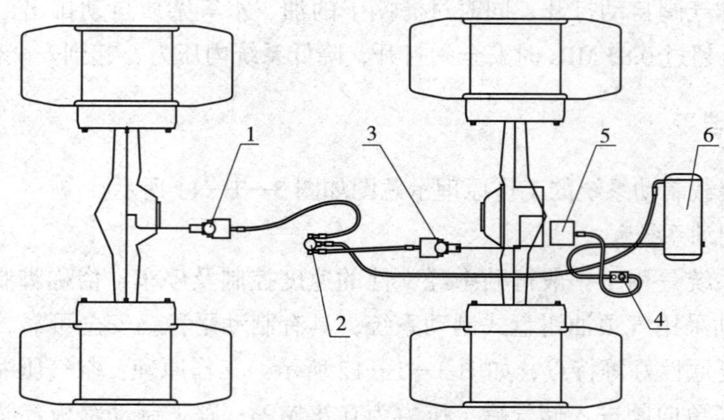

图 3—1—12 行车制动系统图

1—前空气加力泵 2—行车制动阀 3—后空气加力泵 4—油水分离器 5—空气压缩机 6—储气罐

（2）驻车制动系统

驻车制动系统用于停车后的制动，或者在行车制动失效时的应急制动。另外，当制动气压低于安全气压 0.28 MPa 时，该系统自动使装载机紧急停车，确保整机及人员安全。

驻车制动系统主要由驻车制动按钮、顶杆、驻车制动阀、制动气室、驻车制动器及变速操纵阀等组成。驻车制动按钮如图 3—1—13 所示。驻车制动系统示意图如图 3—1—14 所示。驻车制动系统有两种控制方式：人工控制和自动控制。

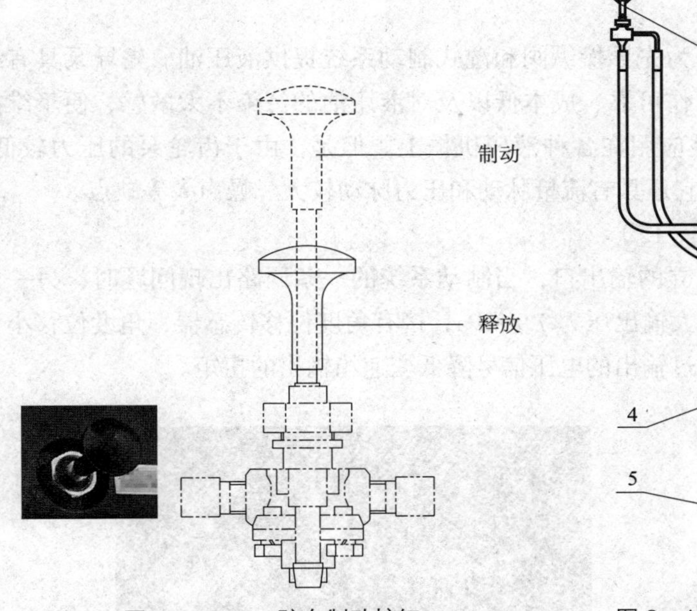

图 3—1—13　驻车制动按钮

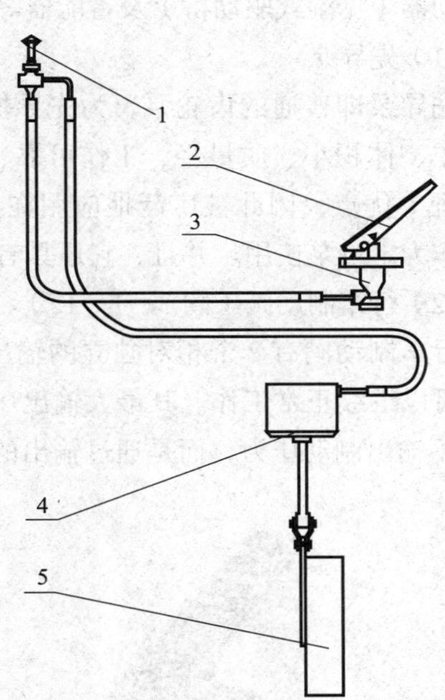

图 3—1—14　驻车制动系统示意图

1—驻车制动阀及控制按钮　2—行车制动踏板

3—气制动阀　4—制动气室　5—驻车制动器

1）人工控制。当系统压缩空气的压力在正常使用范围时，来自储气罐中的压缩空气进入驻车制动阀，按下驻车制动按钮，打开驻车制动阀进气口，关闭排气口。压缩空气通过驻车制动阀进入制动气室，向下推动驻车制动器拉杆，制动蹄松开，解除制动。当需停车或应急制动时，拉起驻车制动按钮，关闭制动阀进气口，打开排气口，系统中原有的压缩空气从制动阀处排出，在制动气室内弹簧的作用下，向上拉动驻车制动器拉杆，制动蹄张开，实施制动。

2）自动控制。在装载机使用过程中，当系统出现故障，导致系统气压低于 0.28 MPa 时，驻车制动阀的控制按钮会自动跳起，关闭驻车制动阀，实现应急制动，同时变速箱自动挂空挡，以保障车辆及人员安全。

三、湿式制动系统的结构组成及工作原理

以 LW600K 型装载机的制动系统为例介绍湿式制动系统。

1. 结构组成

LW600K 型装载机全液压制动系统主要由先导泵、溢流阀、充液阀、行车制动阀、湿式制动器（见湿式驱动桥）及蓄能器等液压元件组成。

（1）先导泵

先导泵即普通的齿轮泵，为先导操纵阀和湿式制动系统提供液压油。先导泵具有结构简单、体积小、质量轻、工作可靠、成本低以及对液压油的污染不太敏感、便于维护和修理等优点，因此被广泛地应用在各种液压机械上。但是，由于齿轮泵的压力较低，只能作为定量泵使用。并且，它还具有流量脉动和压力脉动较大、噪声大等缺点。

（2）行车制动阀（图 3—1—15）

行车制动阀有 2 个相对独立的输出口，当制动系统的一条回路出现问题时，另一条回路可以继续正常工作。其最大输出压力 7.9 MPa；接有角度位移传感器，角度位移小于 8° 时不输出制动压力，而是通过输出的电压信号降低变速箱输出的扭矩。

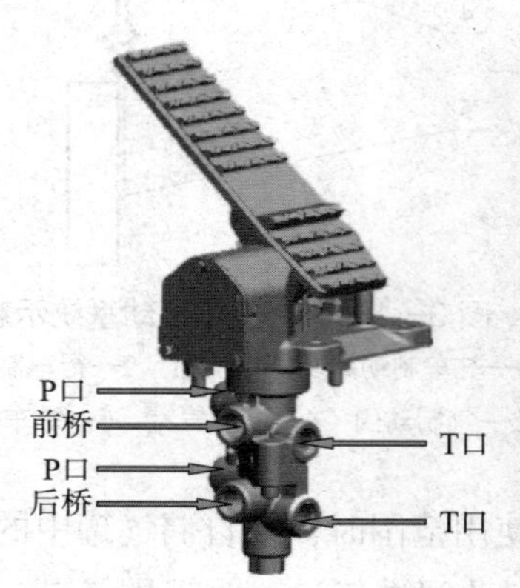

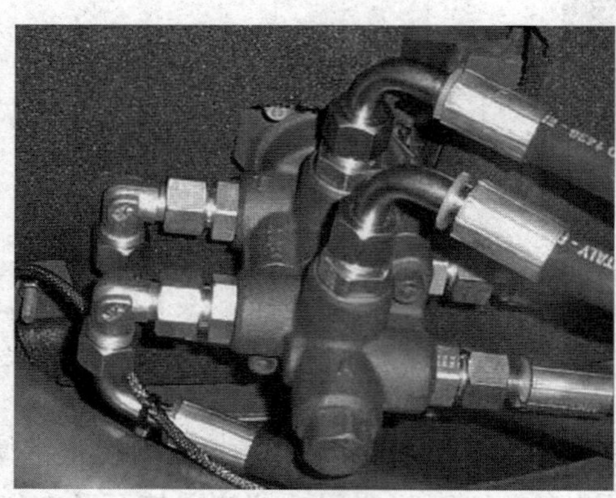

图 3—1—15　行车制动阀

（3）充液阀

充液阀的作用是根据实际的需要从回路中为蓄能器充液，如图 3—1—16 所示。这个充液过程是在预先设定的充液速度下完成的，在预先设定的压力范围内是相对恒定的。

2. 工作原理

先导泵和转向泵为双联泵，通过变速箱由发动机直接驱动。先导泵输出的高压油直接输送到充液阀进油 P 口；进入充液阀的液压油除了保证制动用油外，还向先导系统提

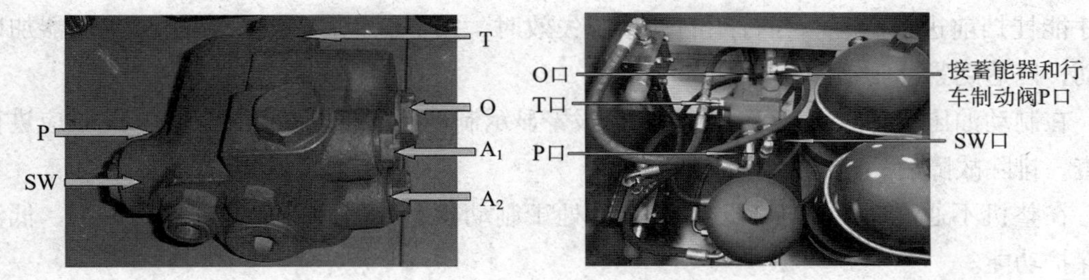

图 3—1—16 充液阀

供操纵油源，这是通过充液阀中的分流阀芯进行调节的。踩下行车制动踏板，高压油通过制动阀的 2 个出口分别通向前、后驱动桥中的湿式制动器，输出的制动压力与踩下的制动踏板的角度成比例。为了使制动油压稳定及在连续地行车制动时大量供油，在充液阀 A_1、A_2 口连接了 2 个蓄能器，用于储存和释放能量。蓄能器为气体加载式，充氮压力为 5.5 MPa。图 3—1—17 所示为湿式制动系统的工作原理。

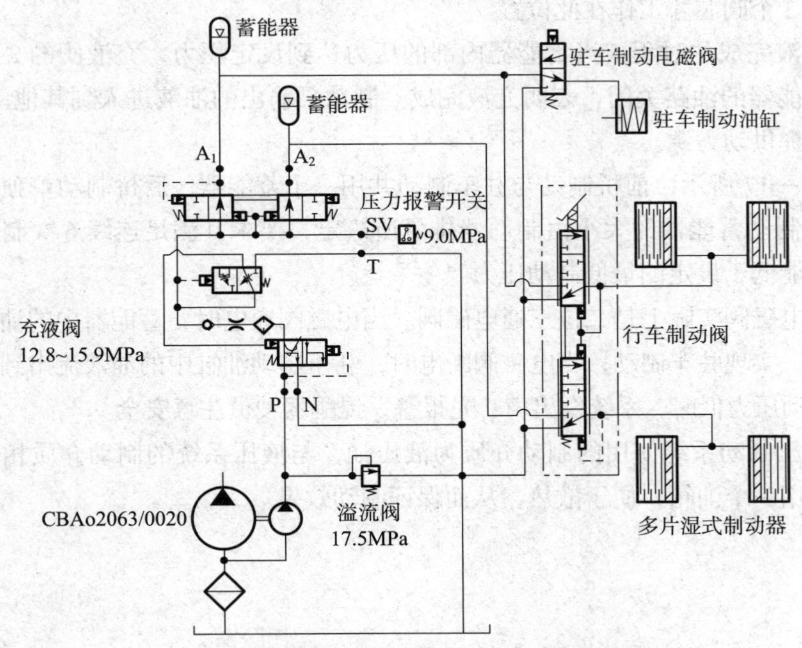

图 3—1—17 湿式制动系统的工作原理

驻车制动系统主要元件有驻车制动电磁阀、驻车制动器等。当电磁阀通电时，压力油通过电磁阀进入驻车制动器油缸，驻车制动器为放松状态。当电磁阀断电时，驻车制动油缸内的压力油通过电磁阀 T 口回油箱，制动油缸在弹簧的作用下复位，驻车制动器为制动状态。

驻车制动按钮开关在仪表台上，为红色按钮，按下为制动；按箭头方向旋松为制动释放。当驻车制动系统处于制动状况时，装载机切断动力。只有将驻车制动解除，装载机才能挂挡前进或后退。当行车制动系统失效时，按下红色按钮，利用驻车制动器加以制动，以达到紧急制动的目的。

在制动油压不足时（低于 11 MPa），报警显示制动油压，同时切断动力。此时应进行检查，排除故障后，才能继续工作。

在整机不通电时，驻车制动系统自动处于制动状态。因此，其具有挂挡保护、低油压保护功能。

在整机需要拖动时，应将驻车制动释放。如果由于发动机不工作、全车无电、电磁阀卡死等原因导致驻车制动器制动时，必须将驻车制动器释放。释放的方法为：旋开驻车制动按钮的保护盖，旋松调整螺母即可，此时整机处于制动释放状态，拖动时应加倍注意安全。

蓄能器进行充液的过程：充液阀的 2 个阀芯工作在图 3—1—17 所示位置时，从制动泵出来的油液通过充液阀阀芯进入蓄能器，给蓄能器充液。此时，因为蓄能器内部压力比较低，所以 2 个阀芯才工作在此位置。

蓄能器充液完成的过程：当蓄能器内部的压力达到设定压力，充液阀的 2 个阀芯移动，将进入蓄能器的油路关闭，表明充液完成。制动泵输出的油液进入到其他动力系统，主要为先导阀提供动力源。

如图 3—1—17 所示，前桥制动与驻车制动共用一个蓄能器，后桥制动单独使用一个蓄能器。行车制动蓄能器的大小由制动器排量所决定，要求其满足连续 6 次制动后，制动系统压力不能低于设定的最低制动压力。

驻车制动电磁阀实际上是二位三通电磁阀。当电磁阀通电时，蓄能器中的油液进入到驻车制动油缸，实现驻车制动；当电磁阀断电时，驻车制动油缸中的油液流出到油箱，解除制动。当制动压力低时，系统发出声、光报警，提醒驾驶员注意安全。

因为全液压制动系统使用的制动介质为液压油，与液压系统的制动介质相同，所以与液压系统共用一个油箱，便于散热，从而保证制动效果。

课题 2　制动系统的故障诊断与维修

学习目标

1. 熟悉制动系统的常见故障现象。
2. 掌握制动系统的典型故障诊断与维修方法。

一、制动系统的故障诊断与检修

1. 制动器异响

（1）故障现象

车辆行驶时踩下制动踏板，行车制动系统会发出尖锐的金属摩擦声。

（2）故障原因

1）制动摩擦片磨损严重。制动器出现尖锐的摩擦声，多数情况下是由于制动器上的制动摩擦片变薄，导致制动摩擦片金属背板与制动盘接触、摩擦所致。

2）制动摩擦片中有异物。

（3）故障排除

出现这种故障时应先检查制动摩擦片的厚度，再检查其上是否有异物。

2. 制动跑偏

（1）故障现象

装载机在行驶过程中，驾驶员握住方向盘，踩下制动踏板，两侧车轮不能同时被制动，或一边车轮制动，另一边车轮转动，使车辆朝向一边偏斜行驶。

（2）故障原因

造成制动跑偏的根本原因是两侧车轮的制动力不一致，主要原因有以下几点：

1）左、右两侧车轮与制动摩擦片的接触面积和间隙大小不一致；左、右两侧车轮的制动摩擦片材料不一致；左、右两侧轮胎气压大小不同。

2）个别车轮的制动摩擦片有油污、硬化或铆钉外露等现象。

3）个别制动器油缸内有空气，活塞运动受阻，或油管阻塞。

4）个别制动盘变形。

（3）故障排除

装载机行驶中，使用行车制动器制动时，车辆向一侧偏斜，说明另一侧的车轮制动不灵。停车后检查两侧车轮在路面上的拖印，拖印短或无拖印的一侧车轮制动不灵。当确定某个车轮制动不灵后，应检查制动盘的变形情况，排除制动器油缸内的空气。如果制动仍不灵时，拆解车轮制动器，检查制动缸活塞和密封件，找出故障所在部位，进行必要的修理。

3. 制动气压过低

（1）故障现象

制动气压表现为在气压表上的压力值过小。正常压力值为 0.45 ~ 0.7 MPa。当踏下制动踏板时，整车无反应。

（2）故障原因

1）制动管路漏气。

2）空气压缩机发生故障。

3）组合阀漏气。

4）单向阀锈蚀，调压阀故障。

（3）故障排除

首先应仔细检查制动管路是否漏气，其次检查空气压缩机工作是否正常。将空气压缩机出气管拆下，用大拇指压紧出气口，起动发动机。此时，如果排气压力低，说明空气压缩机有故障。如果空气压缩机工作状态良好，再检查组合阀放油螺塞或调压阀，避免旁通。最后，检查三通接头中的 2 个单向阀。单向阀卡滞会造成储气筒无法进气或进气缓慢。

4. 制动不灵

（1）故障现象

踩下装载机制动踏板，不能迅速降低车速，制动距离较长。

（2）故障原因

1）气压低，制动油管或制动器油缸内有空气。

2）制动踏板自由行程过大；制动盘与摩擦片间隙过大。

3）制动阀、加力泵、制动油缸的密封件磨损严重，造成漏气、漏油。

4）制动阀补偿孔或通气孔阻塞。

5）制动油管破裂或油管接头漏油。

6）制动摩擦片表面硬化，铆钉露头或有油污。

（3）故障排除

1）首先应检查制动系统气体压力，保证制动气压值为 0.45 ~ 0.7 MPa，排除制动气压低的故障。

2）如果踏下制动踏板，阻力较小；连续踩踏制动踏板时，踏板均缓慢回升。这说明制动油管或制动器油缸中有空气，应予以排除。

如果连续踩踏制动踏板，感觉空行程较大，踏板位置逐渐升高，并且制动效果良好。这说明踏板自由行程过大或制动摩擦片与制动盘的间隙过大，先检查并调整踏板自由行程，再调整制动摩擦片与制动摩擦盘之间的间隙。

如果连续踩踏制动踏板，有沉重的感觉，但踏板位置仍逐渐下降，说明制动系统漏油，应进行检查维修。必要时拆卸制动器进行维护、保养，更换矩形密封圈或制动活塞。

3）制动油管中的空气排除后，如果制动踏板还是无力，打开加油口盖进行目测观察。如果制动液有剧烈翻动现象，说明钳盘式制动器内的密封件变形或损坏，应进行检

查，更换损坏的部件。

4）如果踏下制动踏板，踏板位置很低；再连续踩制动踏板，踏板位置还不能升高。一般情况下，制动阀通气孔或补偿孔阻塞，应检查并疏通。

5）当踏下踏板时，虽然踏板自由行程及高度合乎要求，且不软弱、下沉，但是制动效果不好，则为钳盘式制动器的故障。其可能是摩擦片硬化、铆钉露头、油污严重、制动盘变形等原因造成的。此时应检修制动器，必要时磨光制动盘。

二、制动系统的其他故障诊断与维修

1. 无制动

装载机无制动的故障分析

（1）故障现象

踏下行车制动踏板后，车辆无制动减速迹象。

（2）故障原因与故障排除（表 3—2—1）

表 3—2—1　　装载机无制动的故障原因与故障排除

故障原因		故障排除
制动气压过低或无气压	空气压缩机损坏，造成输出气压过低或无输出气压	修复或更换空气压缩机
	油水分离器组合阀放气活塞卡滞、单向阀失效、调整螺钉松动、止回阀卡滞等原因，造成压缩气体从油水分离器组合阀处泄漏	修复或更换油水分离器组合阀
	空气压缩机到行车制动阀间的管路或接头漏气，造成制动气压过低或无气压	检查、拧紧空气压缩机到行车制动阀之间的管路和接头，更换损坏的气管、接头或垫片
行车制动阀损坏	行车制动阀密封件或鼓膜损坏，造成制动气体从行车制动阀处泄漏，不能进入加力泵	修复或更换行车制动阀
	行车制动阀到加力泵之间的气管或接头漏气，造成制动气体泄漏，不能进入加力泵	检查并拧紧行车制动阀到加力泵之间的气管或接头，更换损坏气管、接头或垫片
前、后加力泵全部损坏，但故障点不一定相同	加力泵气活塞卡死、损坏或其密封件损坏，造成制动气体从加力气缸泄漏，活塞不能移动	修复或更换加力泵气活塞或其密封件
	加力泵油活塞或其密封件损坏，造成泄油，制动液无力推动制动钳活塞	修复或更换加力泵
前、后桥制动管路都漏油		检查并更换制动油管
前、后桥制动液压管路中含有大量空气		加注制动液，并排放液压管路中的空气
制动系统过热		查找制动系统过热的原因并处理

2. 制动“抱死”

（1）故障现象

行车制动不能正常解除。制动钳“抱死”，活塞不回位，制动摩擦片与制动盘不能脱离。这种故障会引起驱动无力、冒黑烟和有焦煳味等现象。

（2）故障原因与故障排除（表 3—2—2）

表 3—2—2　　装载机制动“抱死”的故障原因与故障排除

故障原因	故障排除
行车制动阀踏板行程限位螺钉调整不当，顶杆使制动阀活塞不能完全复位，制动时进入加力泵的气体不能排空，有残留压力	重新调整限位螺钉，使踏板上的滚轮恰好接触顶杆为宜
行车制动阀活塞卡滞或回位弹簧损坏，造成排气不正常	拆检、清洗或更换行车制动阀
双管路气制动阀顶杆位置不对	重新调整顶杆位置
加力泵气活塞卡死，不回位，制动液不能正常回流，造成制动钳活塞不能复位	拆检加力泵气活塞上密封件是否损坏、卡滞。如果密封件有问题，应更换
加力泵气活塞回位弹簧损坏，造成气活塞不能回位，制动液不能正常回流，制动钳活塞不能复位	拆检加力泵，更换气活塞回位弹簧
加力泵油活塞卡死，不回位，制动液不能正常回流，造成制动钳活塞不能复位	拆检并清洗加力泵，或更换油活塞上密封件
加力泵回油口堵塞，造成制动液不能正常回流，制动钳活塞不能复位	拆检并清洗加力泵
制动钳活塞卡死，解除制动时不能回位	拆检并清洗制动钳，更换制动钳密封件或活塞

3. 制动距离过长

（1）故障现象

装载机行驶中制动效果不好，即行车制动力不足，制动距离过长。

（2）故障原因与故障排除（表 3—2—3）

表 3—2—3　　装载机制动距离过长的故障原因与故障排除

<table>
<tr><th colspan="2">故障原因</th><th>故障排除</th></tr>
<tr><td rowspan="3">制动气压过低，进入加力泵的气压不足，使制动性能下降</td><td>空气压缩机损坏，造成输出气压过低</td><td>修复或更换空气压缩机</td></tr>
<tr><td>油水分离器组合阀放气活塞卡滞、单向阀失效、调整螺钉松动、止回阀卡滞，造成压缩气体从油水分离器组合阀处泄漏</td><td>修复或更换油水分离器组合阀</td></tr>
<tr><td>空气压缩机到行车制动阀间管路或接头漏气，造成制动气压过低</td><td>检查、拧紧空气压缩机到行车制动阀之间的管路和接头，并更换损坏的气管、接头或垫片</td></tr>
</table>

续表

<table>
<tr><th colspan="2">故障原因</th><th>故障排除</th></tr>
<tr><td rowspan="2">行车制动阀损坏</td><td>行车制动阀密封件或鼓膜损坏，造成制动气体从行车制动阀处泄漏，因此进入加力泵气压低，推动气活塞移动行程不够</td><td>修复或更换行车制动阀</td></tr>
<tr><td>行车制动阀活塞卡滞</td><td>修复或更换行车制动阀</td></tr>
<tr><td colspan="2">行车制动阀到加力泵之间的气管或接头漏气，造成制动气体泄漏，因此进入加力泵气压低，推动气活塞移动行程不够</td><td>检查并拧紧行车制动阀到加力泵之间的气管或接头，更换损坏气管、接头或垫片</td></tr>
<tr><td rowspan="2">加力泵损坏</td><td>加力泵气活塞或其密封件损坏，造成制动气体从加力气缸泄漏，使活塞移动行程不够</td><td>修复或更换加力泵</td></tr>
<tr><td>加力泵油活塞或其密封件损坏，造成内泄，制动液无力推动制动钳活塞</td><td>修复或更换加力泵</td></tr>
<tr><td colspan="2">制动管路漏油或堵塞，造成制动油液对制动钳活塞的推力不足，从而影响制动效果</td><td>检查并更换制动油管</td></tr>
<tr><td rowspan="3">制动钳损坏或漏油影响制动效果</td><td>制动钳活塞矩形油封损坏漏油</td><td>更换制动钳活塞矩形油封</td></tr>
<tr><td>制动钳活塞卡死或变形漏油</td><td>更换制动钳活塞</td></tr>
<tr><td>制动钳体有砂眼漏油</td><td>更换制动钳</td></tr>
<tr><td colspan="2">制动摩擦片上有油污或磨损超过极限，从而影响制动效果</td><td>更换制动摩擦片。如果轮毂处漏油造成制动摩擦油污，应先更换轮毂油封</td></tr>
<tr><td colspan="2">制动液压管路中含有空气</td><td>加注制动液，并排放液压管路中空气</td></tr>
<tr><td colspan="2">制动液失效、不符合要求或含有水分</td><td>更换合格的制动液</td></tr>
<tr><td colspan="2">制动系统过热</td><td>查找制动系统过热的原因并处理</td></tr>
</table>

4. 行车制动力不足

（1）故障现象

踩下行车制动踏板时，感觉阻力较小。

（2）故障原因与故障排除（表 3—2—4）

表 3—2—4　　装载机行车制动力不足的故障原因与故障排除

故障原因	故障排除
制动夹钳上分泵漏油	更换分泵的矩形密封圈
制动液压管路中有空气	进行放气
制动气压过低	检查气泵控制阀、储气管及管路密封性

续表

故障原因	故障排除
加力器皮碗磨损	更换皮碗
轮毂漏油到制动盘上	检查或更换轮毂油封
制动摩擦片已经磨损到极限	更换制动摩擦片

5. 制动后无法挂挡

（1）故障现象

踩下行车制动踏板后，拨动换挡手柄，无法挂挡。

（2）故障原因与故障排除（表 3—2—5）

表 3—2—5　装载机制动后无法挂挡的故障原因与故障排除

故障原因	故障排除
制动阀推杆位置不对	重新调整推杆位置
制动阀回位弹簧失效或损坏	检查或更换回位弹簧
制动阀活塞杆卡住	拆检制动阀活塞杆
没有压缩空气进入变速操纵阀	检查紧急制动阀

6. 停车后储气罐的压力迅速下降

（1）故障现象

装载机停车后储气筒的压力迅速下降，在 30 min 内气压下降超过 0.1 MPa。

（2）故障原因与故障排除（表 3—2—6）

表 3—2—6　装载机停车后储气罐压力迅速下降的故障原因与故障排除

故障原因	故障排除
气制动阀进气门被脏物卡住或损坏	连续制动几次，吹掉脏物或更换阀门
管接头松动或管路破裂	拧紧接头或更换制动气管
储气罐进气口的单向阀不密封或压力控制器不密封	检查不密封的原因，必要时更换

7. 制动后气压表的压力上升缓慢

（1）故障现象

装载机制动后气压表的压力上升缓慢。

（2）故障原因与故障排除（表 3—2—7）

表 3—2—7　　装载机制动后气压表压力上升缓慢的故障原因与故障排除

故障原因	故障排除
管接头松动	拧紧管接头
空气压缩机工作不正常	检查空气压缩机的工作情况，并相应处理
油水分离器放油螺塞未关紧	重新关紧
制动阀进气阀门或鼓膜不密封	检查并清洗制动阀内部，找出不密封的原因，并予以排除
压力控制器放气	清洗放气孔，检查止回阀及鼓膜不密封的原因，并予以排除

知识拓展

不同型号装载机的制动方式见表 3-2-8。

表 3—2—8　　不同型号装载机的制动方式

制动方式	装载机型号		
	LW521F 型	LW541F 型	ZL50G 型
行车制动	气顶油盘式四轮制动	气顶油盘式四轮制动	气顶油盘式四轮制动
驻车制动	软轴操纵、内涨蹄式	气缸—软轴操纵、内涨蹄式	气缸—软轴操纵、内涨蹄式
紧急制动	无	驻车制动器兼用（低气压保护）	驻车制动器兼用（低气压保护）

模块四

装载机工作装置及液压系统的故障诊断与维修

课题 1　工作装置及液压系统的结构组成与工作原理

学习目标

1. 熟悉工作装置及液压系统的结构组成。
2. 掌握工作装置及液压系统的工作原理、油路。

一、装载机的工作装置

工作装置用于对物料进行铲掘、装载等作业，一般由动臂、摇臂、拉杆、铲斗等组成，如图 4—1—1 所示。动臂的后端通过动臂销与前车架连接，动臂的前端安装有铲斗，其中部与动臂油缸连接。当动臂油缸伸缩时，动臂绕其后端的销转动，实现铲斗的提升或下降。摇臂的中部和动臂连接，两端分别与拉杆和铲斗油缸连接。当铲斗油缸伸缩时，摇臂绕其中间支撑点转动，通过拉杆使铲斗上翻或下翻。

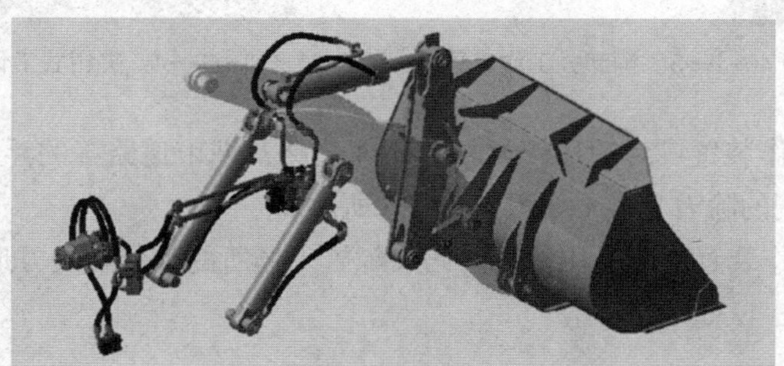

图 4—1—1　工作装置

工作装置的常见类型有高卸式、侧卸式、雪犁式、破冰式、推土铲、滑叉式、夹钳式、抓草机等。铲斗类型主要有轻物料斗、标准斗、岩石斗等，如图 4—1—2 所示。

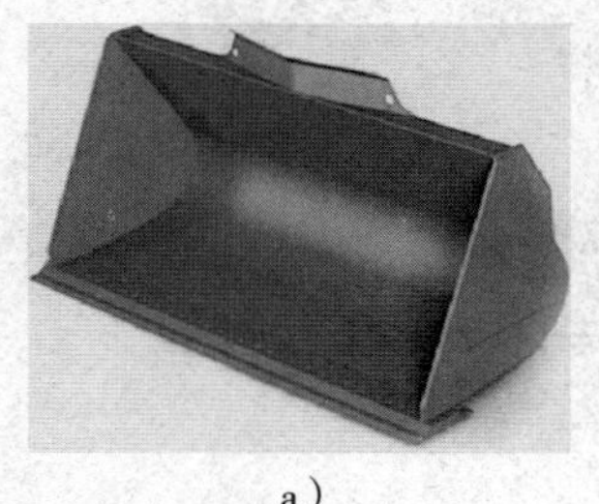

a）

b）

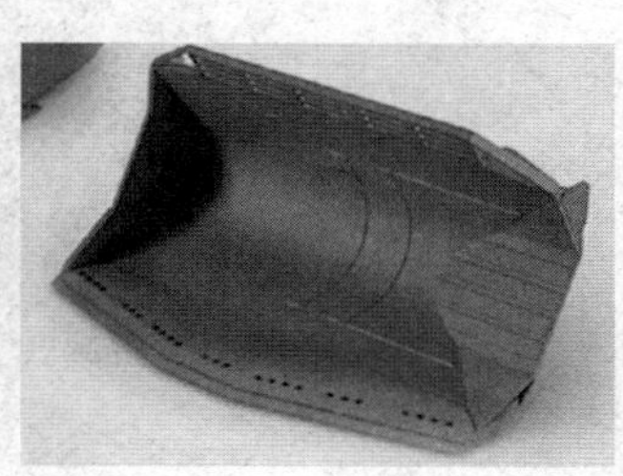

c）

图 4—1—2　铲斗类型

a）轻物料斗　b）标准斗　c）岩石斗

1. 侧卸式工作装置是可正向、侧向（左向或右向）卸料的新型多功能工程设备。除了具有普通型装载机的功能外，它尤其适用于隧道开挖和窄小场地施工作业使用，可与配套运输车辆并行穿梭作业，不需转向调头等操作动作，减少了作业循环时间，提高了工作效率。侧卸式工作装置如图 4—1—3 所示。

2. 夹钳式工作装置主要用于装卸木材，广泛适用于林业部门的林场圆木装卸作业，油田油管、钻杆等的转运和铺设作业，以及车站、港口等场所圆形规则物料和不规则长形物料的装卸，并可用于起重、牵引等作业，是一种高效、适应性强的工程设备，如图 4—1—4 所示。

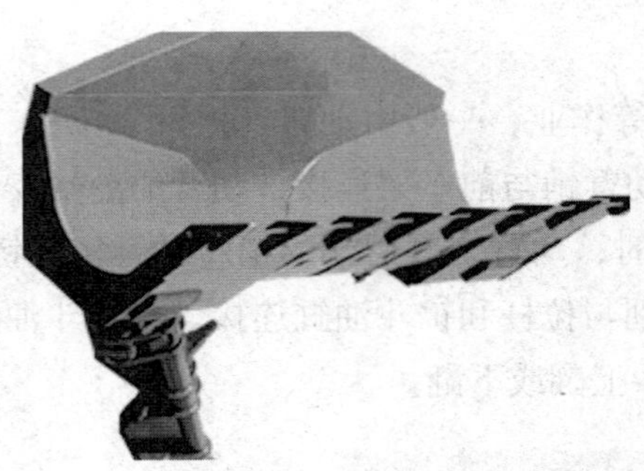

图 4—1—3　侧卸式工作装置

图 4—1—4　夹钳式工作装置

3. 雪犁式工作装置广泛适用于机场、高速公路及城市道路等的浮雪及压实雪清理，是一种高效、实用的除雪装置，如图 4—1—5 所示。

4. 滑叉式工作装置主要适用货场、码头等施工场所的集装箱及方形物体的装卸、运输及码放等，如图 4—1—6 所示。

图 4—1—5　雪犁式工作装置

图 4—1—6　滑叉式工作装置

二、装载机液压系统的元件

液压系统以液压油为介质，利用液体的压力能来实现能力传递，由液压缸（如动臂

油缸、转向油缸、铲斗油缸等）、泵（转向泵、工作泵、先导泵等）、阀（分配阀、流量放大阀、先导阀等）以及液压管路接头等组成。装载机的液压系统包括工作装置液压系统、转向液压系统、先导控制系统。

1. 齿轮泵

液压系统的组成及位置

（1）齿轮泵的结构

齿轮泵的结构如图 4—1—7 所示。

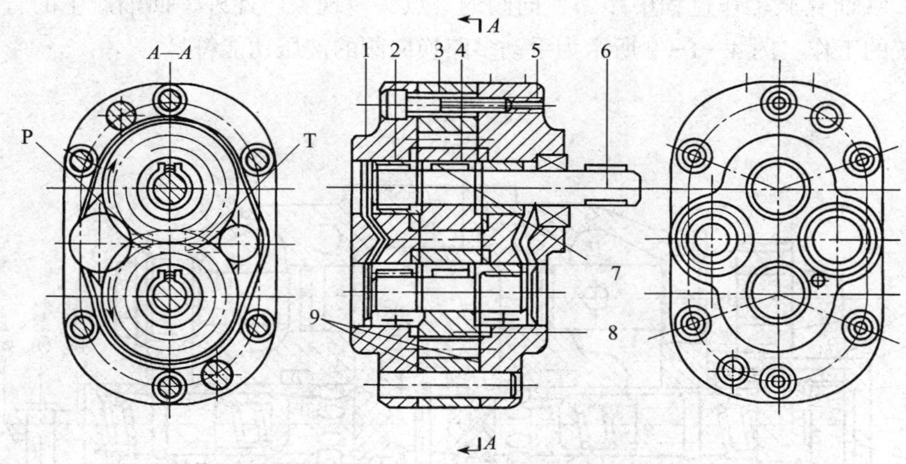

图 4—1—7　齿轮泵的结构

1—后盖　2—螺栓　3—主齿轮　4—泵体　5—前盖　6—密封圈　7—花键　8—圆柱销　9—从动齿轮

（2）齿轮泵的工作原理

当齿轮泵按图 4—1—7 所示的方向旋转时，由于齿轮脱开，P 腔容积逐渐增大而形成局部真空，其从油箱吸油；随着齿轮的持续旋转，充满在齿槽内的液压油被带到 T 腔，T 腔由于齿轮的相向啮合，容积逐渐减少，把液压油挤压出去。齿轮连续不断地旋转，使 P 腔不断地吸油，T 腔不断地排油，从而完成齿轮泵的吸油过程。进油口较大，排油口较小；主动齿轮进入啮合腔为高压油口。

2. 多路换向阀

多路换向阀又称为分配阀。根据控制形式的不同，多路换向阀分为手动式多路换向阀、先导式液控多路换向阀。

（1）手动式多路换向阀

1）手动式多路换向阀的结构

如图 4—1—8 所示为 DF—32 型手动式多路换向阀的结构。它由二联换向阀和安全阀组成。其中，铲斗换向阀是三位六通阀，可以控制铲斗上翻、下翻、封闭3个动作；动臂换向阀是四位六通阀，可以控制动臂的升起、下降、浮动和封闭4个动作。安全阀是控制系统压力的，当系统压力超过额定压力时，安全阀打开，压力油液流回液压油箱，保护工作装置液压系统各元件和管路不因受过高压力而损坏。P口为进油口，O口为出油口，H、F口分别与铲斗油缸大腔、小腔相通，N、K口分别与动臂油缸的大腔、小腔相通。油槽均为左右对称布置，中立位置卸荷油道为三槽结构，可消除换向时的液动力，减少回油阻力。多路换向阀中各阀芯中均装有单向阀，其作用是换向时避免压力油向油箱倒流，从而克服工作过程中多路换向阀的“点头”现象。此外，回油产生的背压也能稳定系统的工作。图4—1—9所示为手动多路换向阀的液压功能符号。

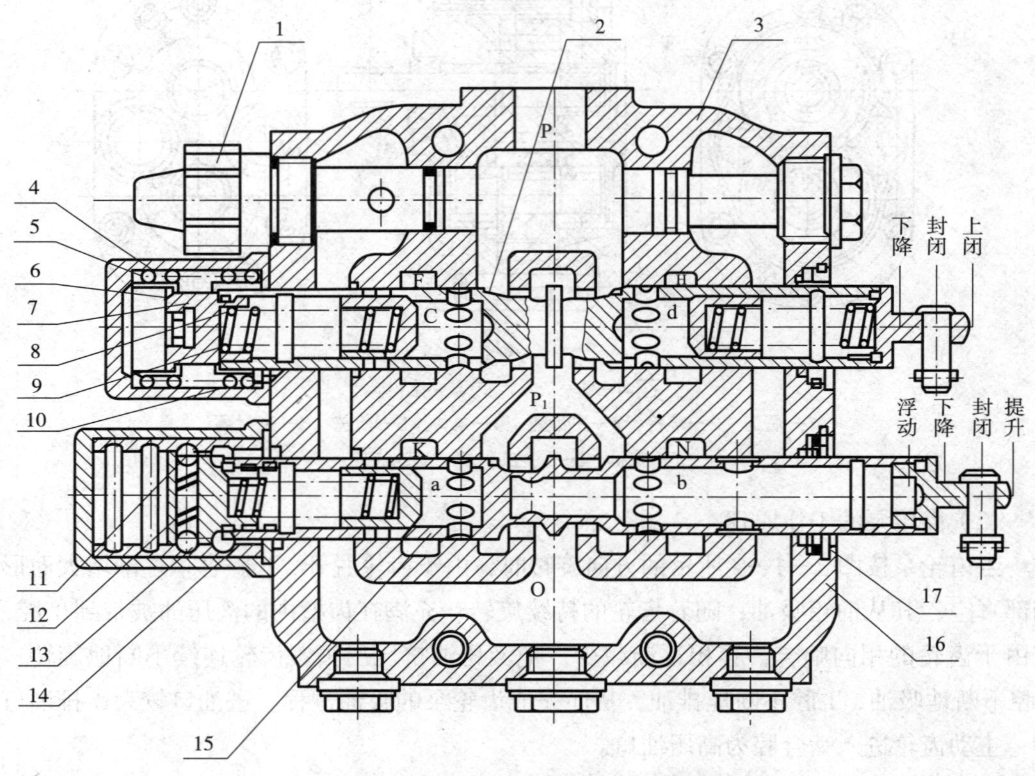

图4—1—8　DF-32型手动式多路换向阀的结构

1—阀体　2—铲斗换向阀阀芯　3—安全阀　4、14—端盖　5—回位弹簧　6—限位柱　7、10、16—O形密封圈　8—弹簧　9—单向阀　11—钢球　12—定位弹簧　13—定位柱　15—动臂换向阀阀芯　17—防尘圈

2）手动式多路换向阀的工作原理

①中位。当铲斗换向阀阀芯、动臂换向阀阀芯处于中间位置时，来自工作油泵的压力油从进油P口经P_1腔流出回油O口，流回油箱。

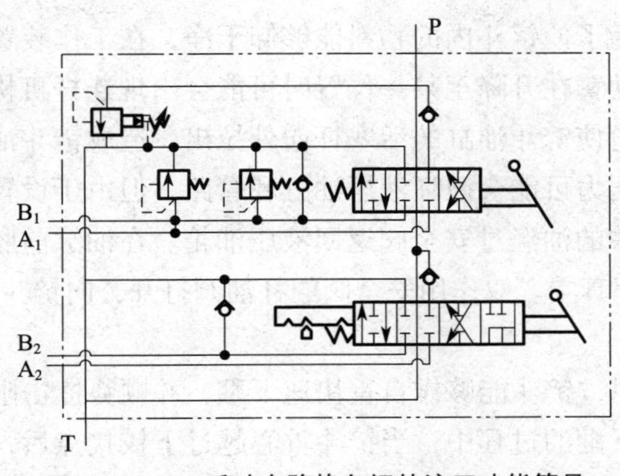

图 4—1—9 手动多路换向阀的液压功能符号

②动臂升起。将动臂滑阀右移，使 O 腔关闭，液压油由 P_1 腔进入 a 口，顶开单向阀，经 K 口进入油缸上腔，使动臂提升；油缸上腔的液压油经 N、b 口通 O 腔，流回油箱。

③动臂下降。将动臂滑阀左移（图 4—1—8），使 O 腔关闭，液压油由 P_1 腔进入 b 口，经 N 口进入油缸上腔，使动臂下降；油缸下腔的液压油经 K、a 口顶开单向阀，流回油箱。

④动臂浮动。将动臂滑阀左移，这时 N、K 口均与 b、O、P_1 腔相通，油缸上、下腔相通，并处于低压状态，油缸受工作装置的重力和地面作用力的作用，处于自由浮动状态。

⑤铲斗上翻。将铲斗滑阀右移，使 P_1、O 腔关闭，液压油由 P 腔进入 c 口，顶开单向阀，经 F 口到油缸后腔，使铲斗上翻；油缸前腔的液压油由 H 口进入 d 口，顶开单向阀，流回油箱。

⑥铲斗下翻。将铲斗滑阀左移，使 P_1、O 腔关闭，液压油由 P 腔进入 d 口，顶开单向阀，经 H 口到油缸前腔，使铲斗下翻；油缸后腔的液压油由 F 口进入 c 口，顶开单向阀，流回油箱。

⑦铲斗封闭。当使铲斗滑阀移动的外力取消，滑阀靠回位弹簧的弹力自动回位，处于中间（封闭）位置。

3）手动式多路换向阀中的安全阀

安全阀安装在手动式多路换向阀上的铲斗油缸前、后腔油路中（前、后腔油路各一件）。其作用如下：

①铲斗换向阀处于中位时，铲斗油缸前、后腔均闭死。此时，如果铲斗受到外界冲击载荷，引起局部压力剧升，将导致换向阀和液压油缸之间的液压元件或管路破坏。设置双作用安全阀能有效防止该现象的发生。

②动臂的升降过程中，双作用安全阀可以自动进行泄油和补油。为了防止连杆机构

超过极限位置，同时为了使铲斗内的物料能够卸干净，在工作装置的连杆机构设有限位块。限位块的设置使动臂在升降至某一位置时可能会出现连杆机构的干涉现象。动臂提升至某一位置时，会迫使铲斗油缸的活塞杆向外拉出，造成铲斗油缸前腔的压力急剧上升。这种急剧上升的压力可能会破坏液压油缸和管路。但由于设置有双作用安全阀，可使困在液压油缸前腔中的油经过安全阀返回液压油箱。在油缸前腔容积减小的同时，后腔容积增大，形成局部真空。双作用安全阀的补油阀打开，向铲斗油缸后腔补充液压油，以消除局部真空。

③装载机在卸载时，铲斗能够靠自重快速下翻，并顺势撞击限位块，使铲斗内的物料卸净。在铲斗快速下翻的过程中，当铲斗重心越过下铰接点后，铲斗在重力作用下加速翻转。但是，铲斗油缸的运动速度受到液压油泵供油速度的限制，由于双作用安全阀及时向铲斗油缸前腔补油，使铲斗能快速下翻，撞击限位块，实现撞斗卸料。

（2）先导式液控多路换向阀

多路换向阀内有铲斗换向阀阀芯和动臂换向阀阀芯。铲斗换向阀阀芯有中位、前倾和后倾 3 个位置，动臂换向阀阀芯有中位、提升、下降 3 个位置。在先导阀处于浮动位时，通过 2C 口的作用可实现浮动工况。阀芯的移动依靠先导油液的推动，而回位则依靠回位弹簧的作用，如图 4—1—10 所示。图 4—1—11 所示为先导式液控多路换向阀的液压功能符号。

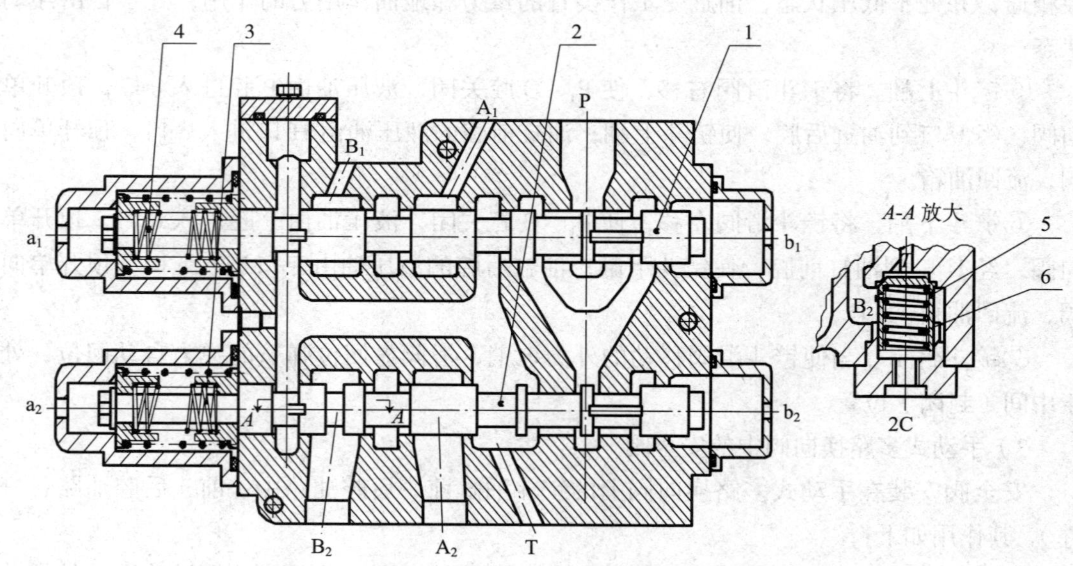

图 4—1—10　先导式液控多路换向阀的结构图

1—铲斗换向阀阀芯　2—动臂换向阀阀芯　3、4、6—弹簧　5—阀芯

1）中位。先导阀操纵杆位于中立位置，先导油不能通过，则多路换向阀在中位，工作泵来油经多路阀直接返回油箱。

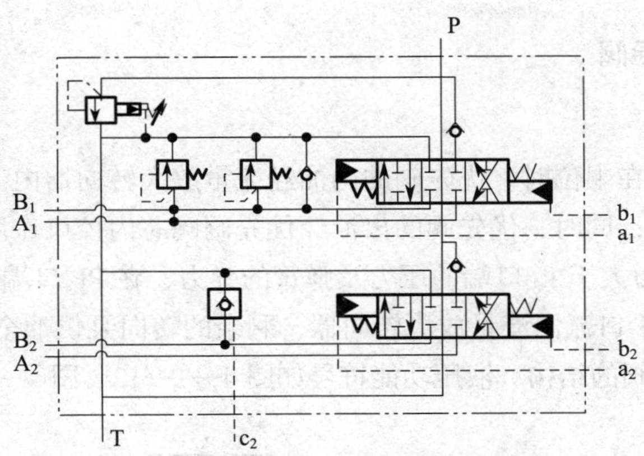

图 4—1—11 先导式液控多路换向阀的液压功能符号

2）工作位置（提升或下降）。当先导阀位于工作位置，先导油进入多路阀某个阀芯端部，推动该阀芯向左（或向右）移到工作位置，该阀芯另一端的先导油则流回先导阀，最后流至油箱。由于先导油使多路阀的某个阀芯移到工作位置，来自工作泵的压力油打开多路阀内的单向阀，经油道从 A 口或 B 口流出进入铲斗油缸或动臂油缸的某一腔，油缸另一腔的工作油则流回多路阀另一组 A 口或 B 口，经阀内油道流入油箱。工作油的最高压力由主安全阀控制。

3）浮动位置。此时，动臂换向阀阀芯的位置与其下降位置相同，只是由于先导阀操纵杆在浮动位置，先导阀内的顺序阀被打开，多路阀内的排泄孔道的油经先导阀内的排泄口 2C 流往油箱，使多路阀内的动臂油缸小腔补油阀打开，P、A_2、B_2、T 四口连通，此时，动臂油缸活塞杆在外力的作用下自由浮动。

液压先导阀的动臂联在下降油口有一个压力选择阀，左端弹簧初始设定压力为 2.5 MPa，动臂下降先导油液自 b_2 作用在其右端上；在分配阀的动臂联油路上也有一个液控浮动单向阀，其结构为一个逻辑阀，阀芯 5 上带有小孔，使动臂缸小腔 B_2 与阀芯 3 背面的 c_2 口相通。先导阀无压力输出时，c_2 油口封闭。当操作者操纵动臂先导手柄时，先导油液由 P 口进入 b_2 口，先导油液推动动臂换向阀芯右移，使 P 口与油缸 B_2 口相通，动臂下降。如果 b_2 油口压力达不到 2.5 MPa，压力选择阀无动作，此时 B_2 口的高压油由阀芯 5 上的小孔进入 c_2 口，使 c_2 口连接的液控单向阀无动作。当实现浮动功能时，b_2 口油压达到 2.5 MPa，推动压力选择阀左移，使 c_2 口与 T 口相通，阀芯 3 的背面压力为零，B_2 口高压油作用在阀芯 3 斜面上的力大于回位弹簧力，使 B_2 口与 T 口相通，这样油缸的 A_2、B_2 口均与 T 口相通，实现浮动功能。

3. 优先阀和单稳阀

（1）优先阀

流量放大转向器在中位时，优先阀的出油经流量放大转向器内节流孔流到 L_S 口，作用在优先阀芯的一侧；同时，优先阀的出油经优先阀阀芯内控口作用在另一侧（PP 口）。优先阀 PP 口端的压力大于 L_S 口端的压力及弹簧的弹力，在 PP 口端的压力作用下使优先阀仅有的压力油经 CF 口流向流量放大转向器，剩余的转向泵供油全部经 EF 口流向工作装置液压系统。优先阀的结构、液压功能符号如图 4—1—12、图 4—1—13 所示。

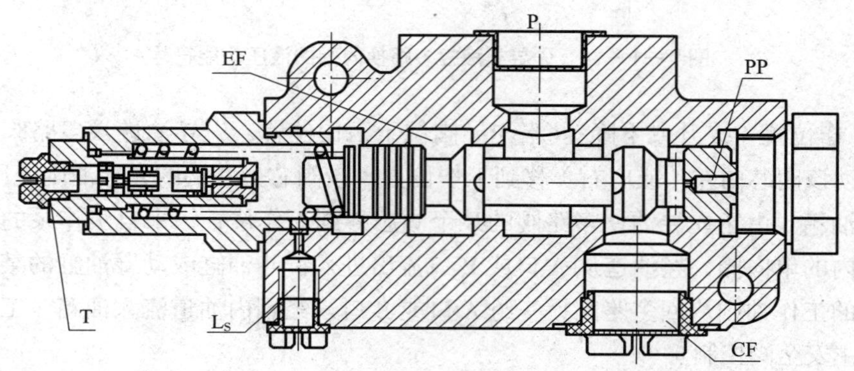

图 4—1—12　优先阀的结构

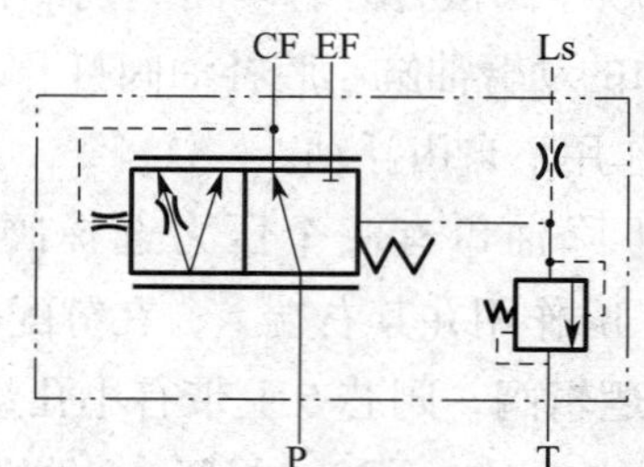

图 4—1—13　优先阀的液压功能符号

当流量放大转向器偏离中位时，L_S 口的压力升高，并在弹簧力的作用下使优先阀芯向 PP 口方向移动，将来自转向油泵的压力油供给流量放大转向器，满足转向要求。

（2）单稳阀

单路稳定分流阀（简称单稳阀）是全液压转向系统的主要配套元件。在油泵供油量及液压系统负荷变化的情况下，单稳阀可保证转向器所需的稳定流量，以满足转向性能的要求。单稳阀的结构、液压功能符号如图 4—1—14、图 4—1—15 所示。该阀主要由阀体、阀芯、弹簧及阻尼塞等组成。其中，P 口是进油口，A 口是连接转向器进油口，B 口为回油口。

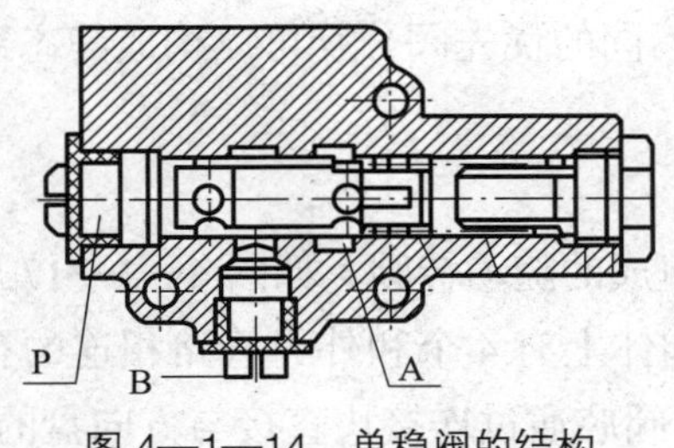

图 4—1—14　单稳阀的结构

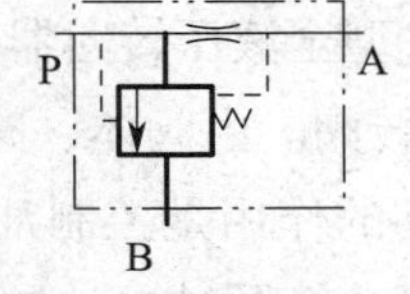

图 4—1—15　单稳阀的液压功能符号

当进口油量小于稳定公称流量时，全部压力油通过一个定节流口、变节流口，再输入到转向系统。此时，变节流口处于全封闭状态。当进油量超过稳定公称流量时，通过定节流口的流量增加，定节流口的前、后压差也相应增大，破坏了原来的平衡状态；阀芯向右移动，使变节流口的开度变小，提高了定节流口后面的压力，从而又保持定节流孔前后的压差基本不变，通过定节流孔的流量与原工况时流量的变化不大，即流向转向系统的流量趋于恒流，而多余的压力油由于变节流口的开启而流走。

4. 全液压转向器（图 4—1—16）

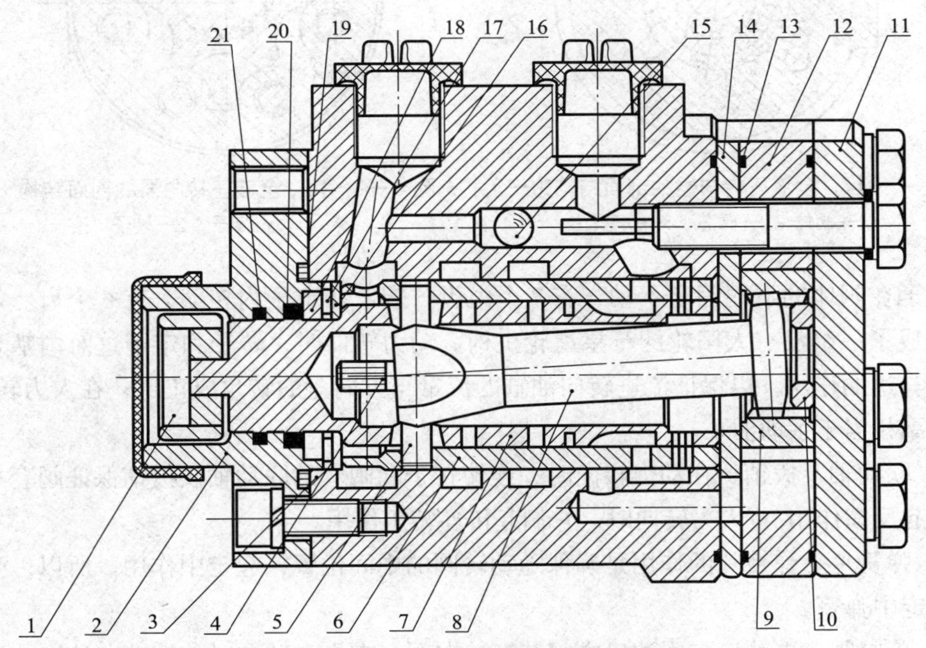

图 4—1—16　全液压转向器的结构

1—十字连接块　2—前盖　3—阀体　4—弹簧片　5—拔销　6—阀套　7—阀芯　8—联动轴　9—转子　10—限位柱　11—后盖　12—定子　13、19、21—O 形密封圈　14—隔盘　15—钢球　16—大挡环　17—推力滚针轴承　18—小挡环　20—X 形密封圈

按阀芯的功能形式不同，全液压转向器分为开芯无反应、开芯有反应、闭芯无反应、

闭芯有反应（无实际运用）、负荷传感（和不同的优先阀分别可以构成静态系统、动态系统）、同轴流量放大等几类。

（1）BZZ 型全液压转向器的结构

1）随动转阀。由阀体、阀芯和阀套等组成的随动转阀，如图 4—1—17 所示。

随动转阀的作用是控制油流的方向。阀体上有 4 个和外界管路相连的孔，分别与转向油泵、液压油箱及转向油缸的两腔相连。阀芯通过连接块直接与方向盘的转向柱连接；阀芯、阀套起配油作用。

2）内啮合齿轮。转子和定子是一对内啮合齿轮，组成摆线针齿啮合副，如图 4—1—18 所示。

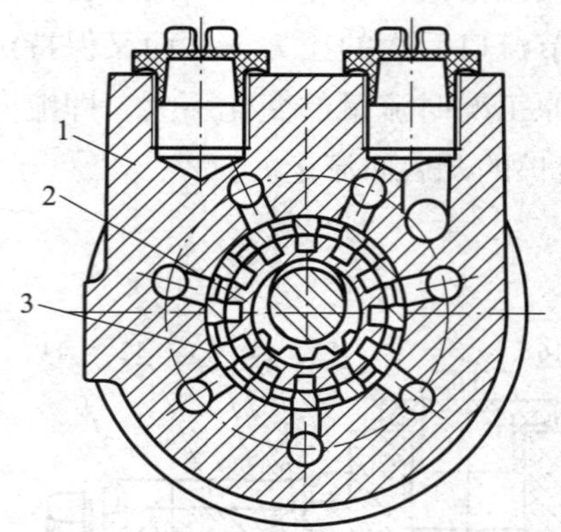

图 4—1—17 全液压转向器的剖面结构（一）
1—阀体 2—阀芯 3—阀套

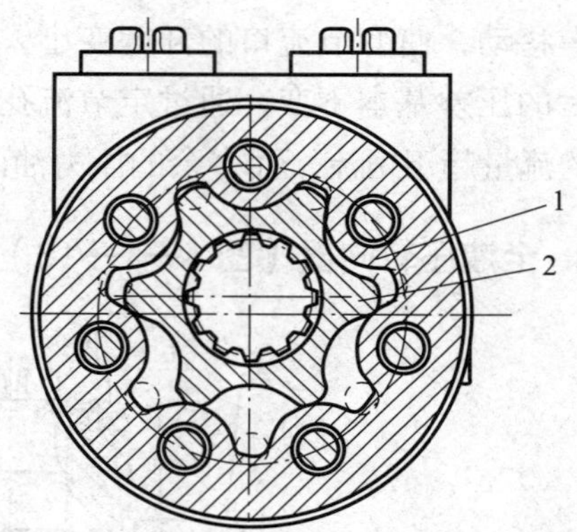

图 4—1—18 全液压转向器的剖面结构（二）
1—定子 2—转子

定子在阀体的下端固定不动，有 7 个内齿。转子在定子内转动，有 6 个齿。定子与转子组成了一组没有太阳轮的行星齿轮机构。动力转向时，转子和定子这对内啮合齿轮起计量马达的作用，以保证流进转向油缸的流量与方向盘的转角成正比；在人力转向时，该啮合副相当于手动油泵。

3）联动轴及拨销。在动力转向时，连接转子和阀套的联动轴及拨销保证阀套与转子同步（起反馈作用）；人力转向时，它们起传递转矩作用。

4）弹簧片。弹簧片的作用是确保随动转阀的中间位置，起定中作用。所以，弹簧片又称为定中弹簧。

5）单向阀。进油口与回油口之间装有单向阀。在人力转向时，把转向油缸一腔的油经回油口吸入进油口，然后再通过摆线针轮啮合副压入转向油缸的另一腔，即在人力转向时起吸油作用。

（2）工作原理

全液压转向器有 3 种工作状态，即中位状态（方向盘不转动时）、左转状态（方向盘

向左连续转动时)、右转状态(方向盘向右连续转动时)。

1)中位状态(方向盘不转动时)。如图4—1—19、图4—1—20所示，进入转向器进口(P口)的液压油流进转阀后就直接回到了转向器的回油口(T口)，流回油箱。BZZ1型其余的油口全部处于封闭状态，转向器并没有工作。也就是说，这时转向器仅仅起到了沟通油路的功能，实现了中位卸荷。此时，转向系统的油液是处于低压条件下循环。BZZ3型的油口全部处于封闭状态。

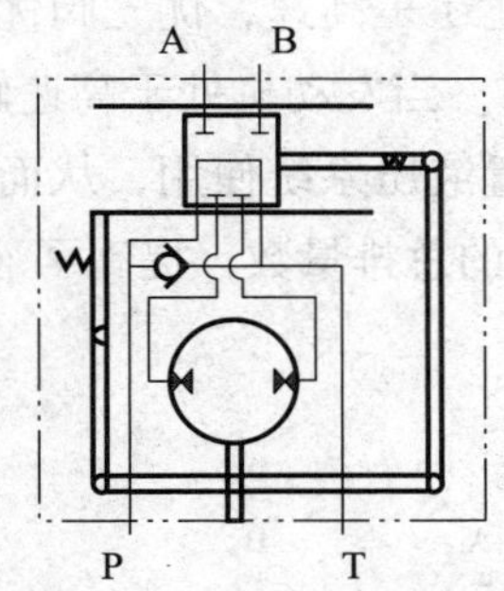

图4—1—19　BZZ1型中位状态

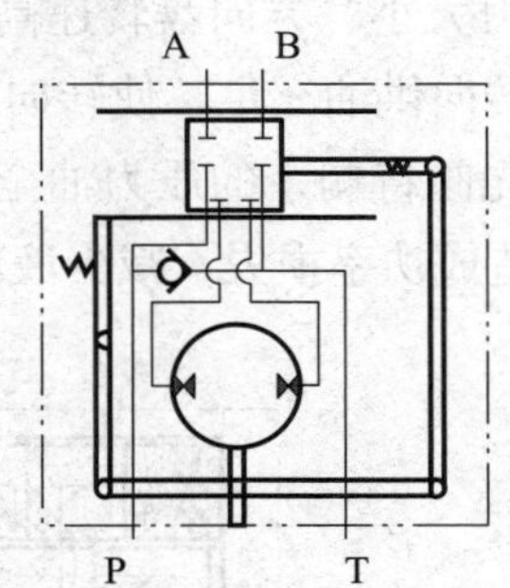

图4—1—20　BZZ3型中位状态

2)左转或右转状态(方向盘向左或向右连续转动时)。两种转向器的区别如图4—1—21所示。当方向盘带动阀芯向左或向右转动时，阀芯将克服阀芯套间弹簧片的弹力，使阀芯相对于阀套产生了一定的转角。只要该转角大于1.5°，阀芯与阀套间中位时处于封闭状态的油槽就开始连通，且随着转向器在左转状态时其相互间的转角增大，各配油槽的开口亦随之增大，使进入转向器进油口的油液经过阀芯套以及阀体的配油槽进入到摆线啮合副(即转子、定子啮合副)一侧的容积腔，使油液在计量的同时又推动转子相对于定子做行星运动。

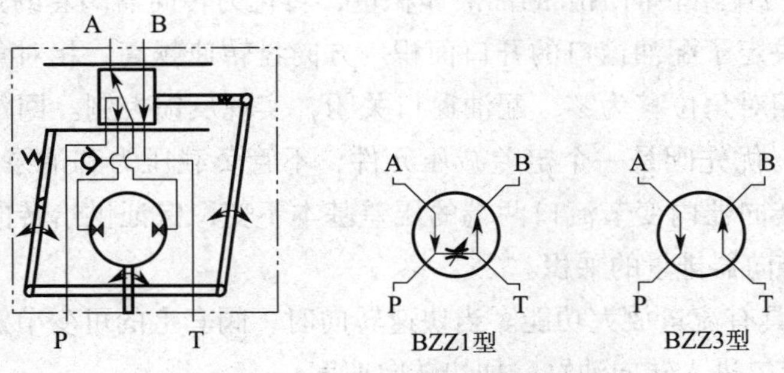

图4—1—21　两种转向器的区别

一方面，通过另一侧排油腔容积的变化(容积的缩小)，将经过计量的油液排入转向器的左转向油口或右转向油口(A口或B口)，从而使进入转向油缸的压力油与计量马达的排量建立起比例关系。另一方面，利用转子的同向自转运动(与阀芯的转动方向相同)通过齿轮联轴器的运动传递，将该同向转动运动反馈至起配油机构作用的阀套上，使阀套与阀芯的转动实现随动。当方向盘带动阀芯的转动停止时，在转子的自转运动带动下，阀套就会自动将与阀芯间的配油槽关闭，使转向器进油口（P 口）的压力油无法进入转向器内部，转向器便立即处于中位状态，从而使进入转向油缸的压力油容积与方向盘的转速建立起联系。

（3）功能

1）负荷传感型液压功能。如图 4—1—22 所示，来自油泵的压力油先通往优先阀，无论负荷和压力大小、方向盘转速高低、发动机怠速还是高速，优先阀优先向转向器分配流量，保证转向供油充足，使转向动作平稳、可靠；当发动机处于高速转向或不转向、慢转向时，优先阀将剩余的压力油全部供给工作装置液压系统使用，从而消除转向系统因供油过多而造成功率损失，减少液压系统液压油泵的总排量数，提高了液压系统效率。

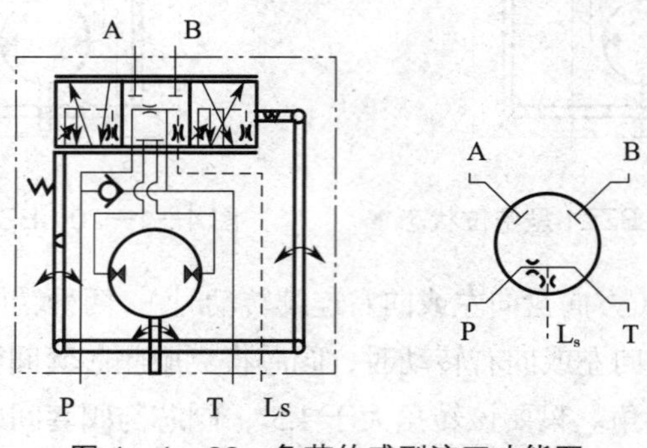

图 4—1—22 负荷传感型液压功能图

2）位置控制功能。转向器与转向油缸组成一个位置控制系统，转向油缸活塞杆的位移与转向器阀芯的角位移成正比。转向器内的摆线马达是一个计量装置（熄火转向时起油泵作用）。它把分配给转向油缸的油液体积量，转化为转向器阀套的角位移量，阀套相对阀芯的角位移决定了配油窗口的开口面积。方向盘转速越高，相对角位移越大；方向盘停止转动时，相对角位移为零，配油窗口关闭，实现反馈控制。回位弹簧使阀套越过死区与阀芯对中。优先阀是一个定差减压元件，不管负载压力和油泵供油量如何变化，优先阀均能维持转向器内变节流口两端的压差基本不变，保证供给转向器的流量始终等于方向盘转速与转向器排量的乘积。

3）转向器还具有流量放大功能。当快速转向时，阀套上的可变节流口打开，一部分油液可通过此节流口进入转向油缸，加快转向速度。

5. 流量放大阀

（1）结构组成

流量放大阀是转向系统中的一个液动换向阀，先导控制油由转向器经限位阀到流量放大阀的控制腔，控制主阀芯移动，使来自转向泵的压力油流向转向油缸，驱动转向油

缸完成转向动作。除优先供应转向系统外，它还可以使转向系统多余的油合流到工作系统，降低工作泵的负荷，以满足低压、大流量的作业，如图 4—1—23 所示。

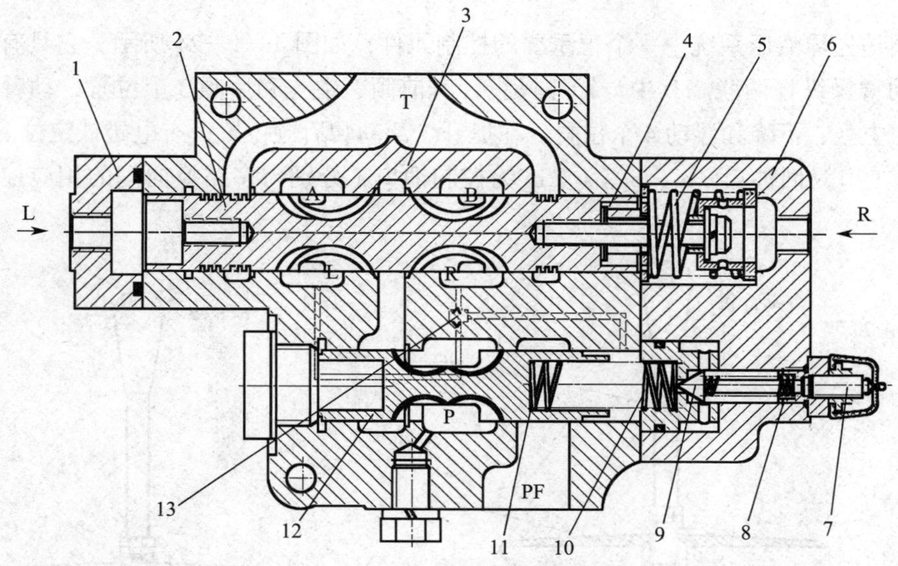

图 4—1—23　优先型流量放大阀的结构图（中位）

1—前盖　2—放大阀阀芯　3—阀体　4—调整垫圈　5—弹簧　6—后盖　7—调压螺钉　8—先导阀弹簧　9—锥阀　10—分流阀弹簧　11—调整垫片　12—优先阀阀芯　13—梭阀　L、R—先导进出油口　T—出口（至油箱）　A—出口（至左转向油缸）　B—出口（至右转向油缸）　P—进口（至转向泵）　PF—排油口（至工作装置液压系统）

（2）工作原理

1）中间位置。当放大阀阀芯 2 处于中间位置时，转向泵的油进入 P 口，推动优先阀阀芯 12 右移，油液全部从 PF 口流出，进入工作液压系统；封闭在左、右转向口 A、B 腔的液压油通过内部通道作用在安全阀的锥阀 9 上；当转向轮受到外加阻力时，L（或 R）腔的压力升高，直至打开锥阀 9 卸载，以保护转向油缸等液压元件。

2）右转向位置。当方向盘向右转时，先导油进入 R 口，推动放大阀阀芯 2 向左移动，使 P、B 接通，A、T 接通，实现右转向。在优先满足右转向的同时，多余的压力油从 PF 口合流到工作液压系统。方向盘转动越快，先导油就越多，放大阀阀芯 2 的位移就越大，转向速度也越快。压力油流入右转向口 B 的同时，由于负载反作用，使得作用在优先阀阀芯 12 两端的压力差保持不变，从而保证流向转向油缸的压力油的流只与阀芯的位移有关，而与负载压力无关。压力油的压力为经过梭阀 13 作用在锥阀 9 左端和优先阀阀芯 12 的右端，起自动控制流量的作用。如果压力继续上升而超过调定压力时，锥阀 9 开启，优先阀阀芯 12 右移，压力油从 PF 口去工作液压系统；当负载消除后，压力降低，优先阀阀芯 12 恢复到正常位置，锥阀 9 关闭。

3）左转向位置。其工作原理与右转向相似。

6. 先导阀

该阀是先导液压系统中一个很重要的控制元件，如图 4—1—24 所示。它具有铲斗操纵杆和动臂操纵杆两联。其中，铲斗操纵杆有前倾、中立和后倾 3 个位置，动臂操纵杆有提升、中立、下降和浮动 4 个位置。在提升、浮动和后倾位置设有电磁铁定位。P 口为进油口，T 口为回油口，a_1、b_1、a_2、b_2 为控制油口（分别与多路换向阀的相应控制油口相连）。

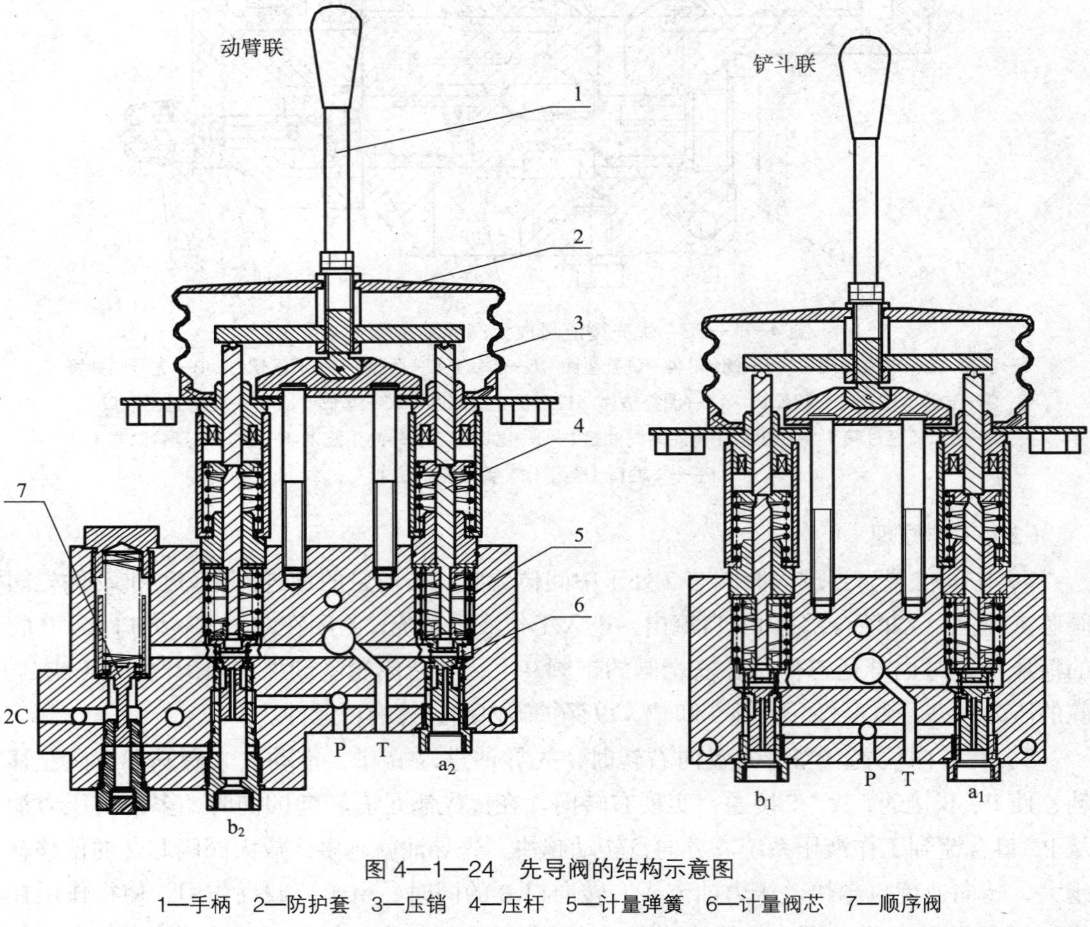

图 4—1—24　先导阀的结构示意图

1—手柄　2—防护套　3—压销　4—压杆　5—计量弹簧　6—计量阀芯　7—顺序阀

当手柄在中立位置时，P、T 口不通，控制油口与 T 口相通，多路换向阀处于中间位置。

当扳动手柄压下压销 3，推动压杆向下移动时，计量弹簧推动计量阀芯向下移动，截断控制油口与 T 口的通路，连通 P 口与控制油腔；先导压力油从控制油口流进多路

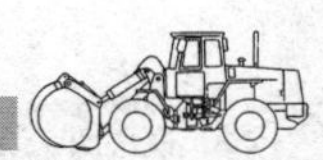

换向阀阀芯的一端，推动多路换向阀阀芯，实现换向动作。控制油口的油压作用在计量阀芯的下端，并与计量弹簧的弹力平衡。先导阀手柄保持在某一位置，则弹簧的弹力一定，控制油口对应的压力也一定，类似定值减压阀的动作过程。弹簧的弹力随手柄改变角度的变化而变化，手柄改变角度越大，弹簧的弹力就越大，控制油口的油压也就越高，多路换向阀阀芯受到的推力也相应增大，使其行程与先导阀手柄变化角度成正比关系，从而实现比例先导控制。

当先导阀手柄被扳至全提升或全收斗位置时，电磁铁吸力将手柄保持在提升或收斗位置，减轻操作者的劳动强度。其中，收斗通过接近开关的作用，使电磁铁瞬间断电，手柄在回位弹簧的作用下回到中立位置，可实现铲斗自动放平功能。

当扳动手柄至浮动位置时（由于该位置设有电磁铁定位，手柄保持在浮动位置），此时控制油口 b_2 中压力油能够使先导阀中的顺序阀打开，从而使 2C 口与 T 口接通，实现动臂的浮动功能。

7. 压力选择阀

压力选择阀的结构如图 4—1—25 所示。正常工作时，先导泵来油从 P 口进入，经阀芯内腔从 A 口流向先导阀。此时，流向动臂油缸大腔的通路被管路中的单向阀切断，故 P_R 口不通。当发动机熄火时，P 口没有压力，阀芯恢复到孔 R 与进油口 P 相通的位置。此时，如果动臂为升起状态，则大腔的压力油推开管路中单向阀，从 P_R 口经减压阀口 R，通过 A 口进入到先导阀的进油腔（此时，管路中另一单向阀截断了流向先导泵的通路，P 口不通）。如果先导阀的滑阀处于中位，则 A 口油路被先导阀截断；当先导阀的滑阀处于下降位置时，则 P_R 口的压力油通过 A 口，流入多路换向阀，推动其中相应的阀芯。在此过程中，压力选择阀阀芯还能控制 A 口到先导阀的油压保持在 2.5 MPa 左右。如果出油 A 口的压力过高，压力选择阀的阀芯就向左移动，减少通过孔 R 的流量，降低出油 A 口的压力。

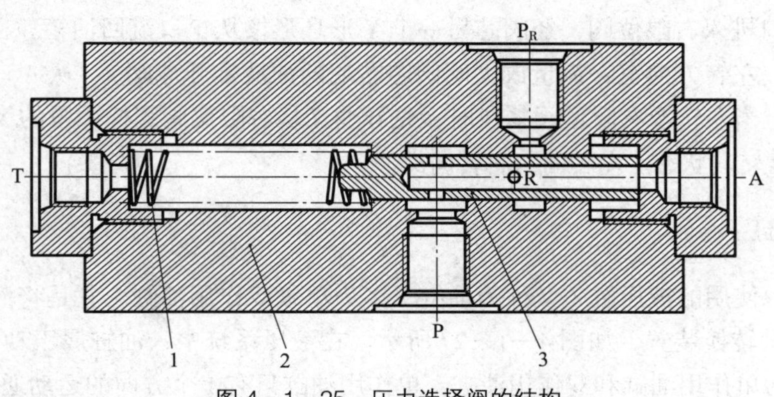

图 4—1—25　压力选择阀的结构

1—弹簧　2—阀体　3—阀芯

8. 限位阀

限位阀成对使用，柔性限位，起缓冲作用。左、右转向控制油路各用 1 个限位阀，用于限制装载机转向的极限位置。当整机转向至极限位置时，限位阀切断流向流量放大阀的先导控制油，使转向停止，起到保证安全转向的作用。其中，T 口起把限位阀泄漏的压力油导回油箱的作用。

转向过程中，来自转向器的先导油从 A 口流入，经阀芯中段的 X 形环形槽，从 B 口流向流量放大阀阀芯的一端，推动流量放大阀阀芯移动，使其另一端的油液从另一个限位阀的 B 口，经阀芯中段的环形槽，再从 A 口经转向器流回油箱，如图 4—1—26 所示。

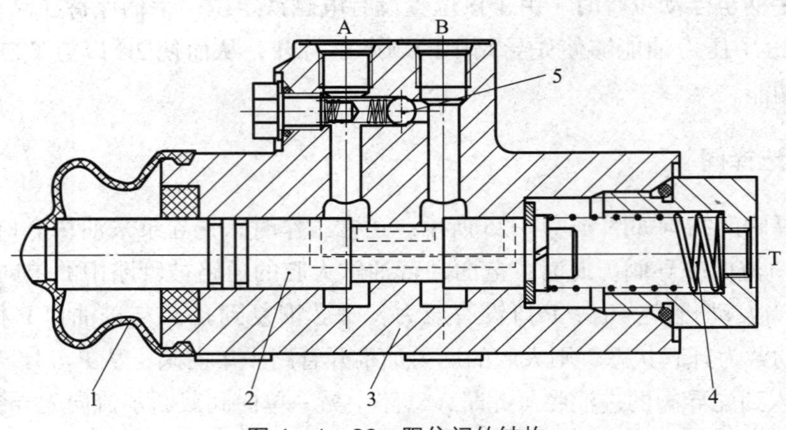

图 4—1—26 限位阀的结构

1—防护套 2—阀芯 3—阀体 4—弹簧 5—球阀

以右转向为例，当整机右转到极限位置时，前车架上的顶杆推着右限位阀的阀芯向右移动，X 形环形槽被阀体 3 封闭，A、B 口不通，流量放大阀阀芯右端的液压油通过内部油道进入阀芯左端流回油箱，流量放大阀回到中位，装载机停止转向；来自转向器的压力油从 A 口进入右限位阀，经阀芯另一个 Y 形环形槽从 T 口流回油箱。在右限位阀没有复位之前，左转方向盘，流量放大阀阀芯右端的油液推开球阀 5，从 A 口流出，于是车辆左转向。当左转至右限位阀复位时，先导油又从右限位阀阀杆中段的 X 形环形槽流出，恢复正常转向状态。左转向与右转向类似。

9. 液压缸

装载机中使用的液压缸（又称为油缸）多为单级双作用油缸。它是将液压能转换为机械能的能量转换装置，如图 4—1—27 所示。在液压系统中，油缸属于动作执行元件。油缸可以分为单作用油缸和双作用油缸。单作用油缸只有 1 个方向的运动通过油压实现，返回时靠自重或弹簧等外力作用。这种油缸的 2 个腔只有一端有油，另一端则与空气接

触。双作用油缸的 2 个腔都有油，2 个方向的动作都要靠油压来实现。

当高压液压油进入油缸大腔推动活塞，带动活塞杆向右移动，则小腔里的液压油被挤出，活塞杆伸出；反之，当高压液压油进入油缸小腔推动活塞，带动活塞杆向左移动，则大腔里的液压油被挤出，活塞杆缩回。

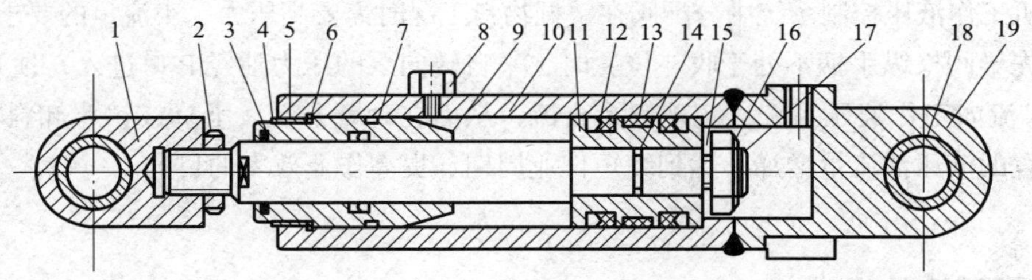

图 4—1—27　液压缸

1—耳环　2—螺母　3—防尘圈　4、17—弹簧挡圈　5—套　6、15—卡键　7、14—O 形密封圈　8—螺钉　9—缸盖兼导向套　10—缸筒　11—活塞　12—Y 形密封圈　13—耐磨环　16—卡键帽　17—活塞杆　18—衬套　19—缸底

10. 卸荷阀

卸荷阀通过来自先导阀的铲斗阀芯组的压力油控制，如图 4—1—28 所示。当先导阀操纵手柄处于收斗位置时，先导油一方面作用于分配阀的铲斗阀芯，另一方面作用于卸荷阀的 a_1 口，使阀芯 1 向下运动，接通 P 口和 T 口，导致从 EF 口流向工作装置液压系统的

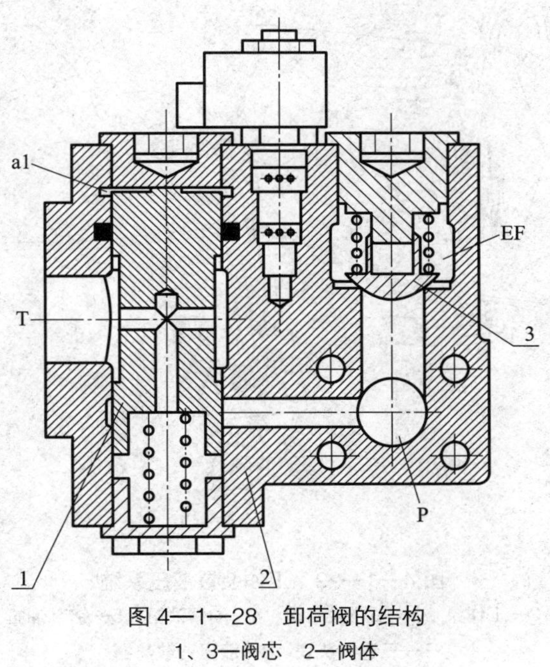

图 4—1—28　卸荷阀的结构

1、3—阀芯　2—阀体

液压油减少，于是转向泵经 P 口进入的液压油从 T 口直接流回液压油箱，自动实现低压卸荷，减少通过装载机工作液压控制系统中分配阀的流量，减小节流的压力损失和溢流阀高压溢流的压力损失，达到提高功率利用率、节能降耗、降低液压系统温度的目的，而此部分功率则被分配到驱动轮，提高了装载机的牵引力，使装载机铲掘能力更强，更好地满足了装载机工作液压控制系统中分配阀在铲掘物料工况时需要高压力、小流量的要求。

当先导阀操纵手柄不处于收斗位置时，来自转向泵的压力油经 P 口进入，顶开阀芯 3 从 EF 口流向工作液压系统，实现双泵合流，从而在动臂升起、下降或铲斗卸料状态时，工作装置的液压油流量增加，达到缩短作业周期、提高作业效率的目的。

三、液压系统的组成

1. 工作装置液压系统

ZL50G、ZL60G 型装载机使用的是液压先导控制工作装置液压系统和液压先导控制流量放大转向液压系统。

（1）工作装置液压系统的组成

工作装置液压系统如图 4—1—29 所示。

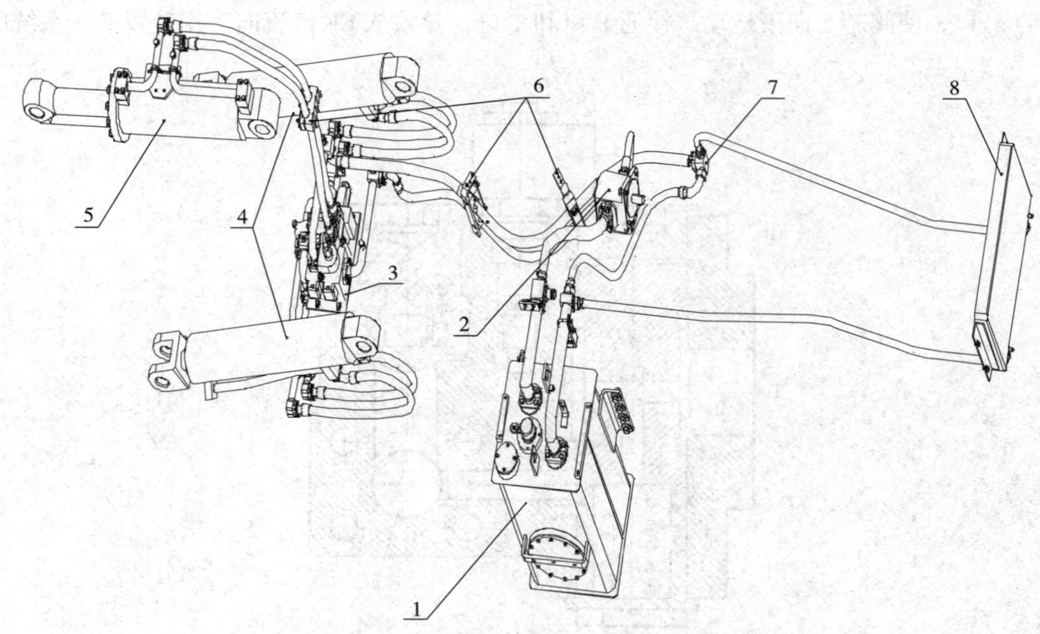

图 4—1—29　工作装置液压系统

1—液压油箱　2—工作泵　3—多路换向阀　4—动臂油缸　5—铲斗油缸　6—固定管夹　7—三通接头块　8—液压油散热器

（2）工作装置液压系统的油路

1）动臂与铲斗为中位状态时，油路如图4—1—30所示。

先导控制油路：先导泵→溢流阀→油箱。

主油路：{工作泵；转向泵（经流量放大阀和卸荷阀）}（压力油合流）→多路换向阀P口→多路换向阀T口→油箱。此时，动臂与铲斗均无动作。

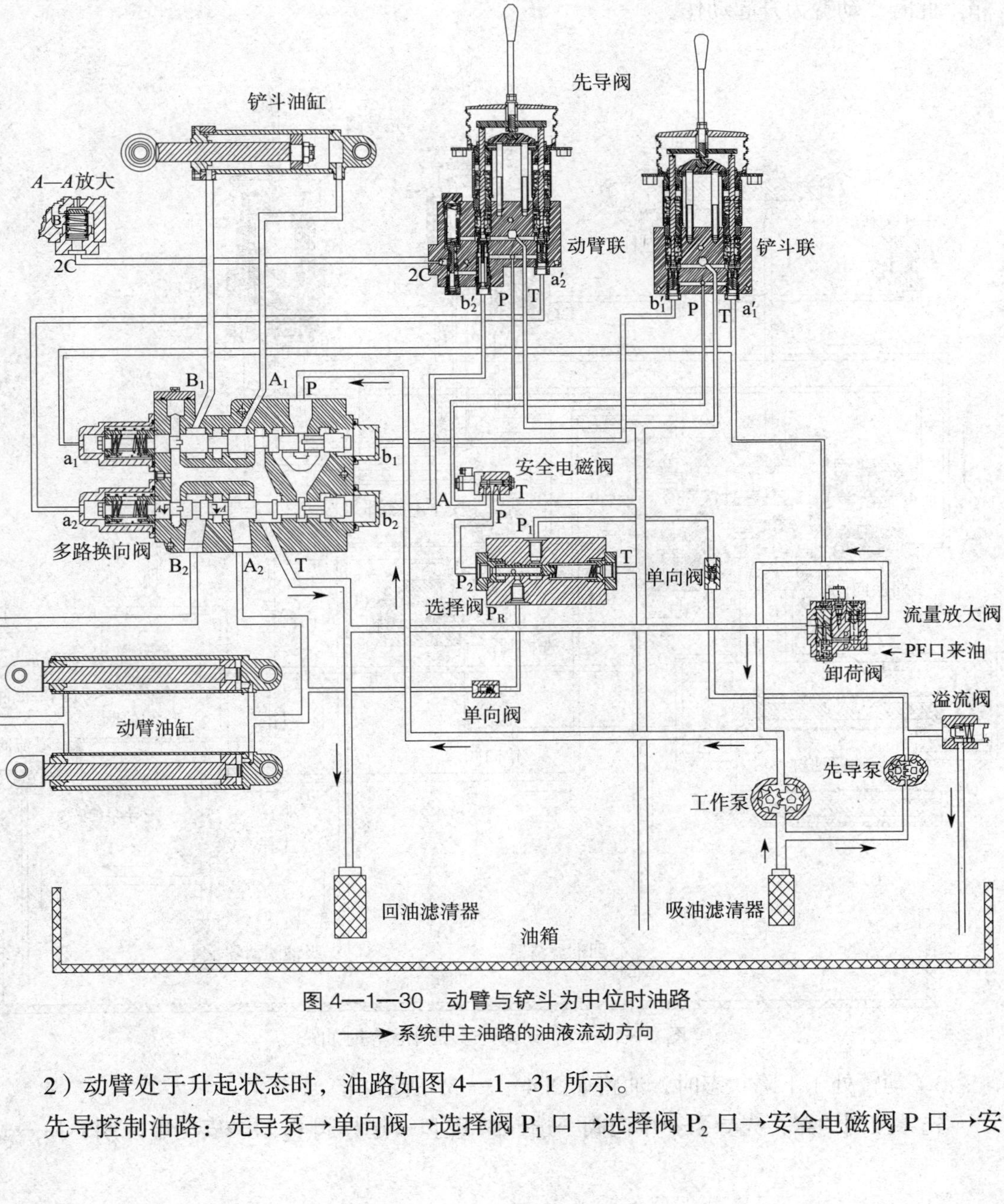

图4—1—30　动臂与铲斗为中位时油路

——→系统中主油路的油液流动方向

2）动臂处于升起状态时，油路如图4—1—31所示。

先导控制油路：先导泵→单向阀→选择阀 P_1 口→选择阀 P_2 口→安全电磁阀P口→安

全电磁阀 A 口→先导阀动臂联 P 口→先导阀动臂联 a_2' 口→多路换向阀 a_2 口；多路换向阀 b_2 口→先导阀动臂联 b_2' 口→先导阀动臂联 T 口。该先导控制油路的作用是使多路换向阀口与 A_2 口接通，B_2 口与 T 口接通。

主油路：{工作泵（压力油合流）；转向泵（经流量放大阀和卸荷阀）}→多路换向阀 P 口→多路换向阀 A_2 口→动臂油缸大腔；动臂油缸小腔→多路换向阀 B_2→多路换向阀 T→回油滤清器→油箱。此时，动臂为升起动作。

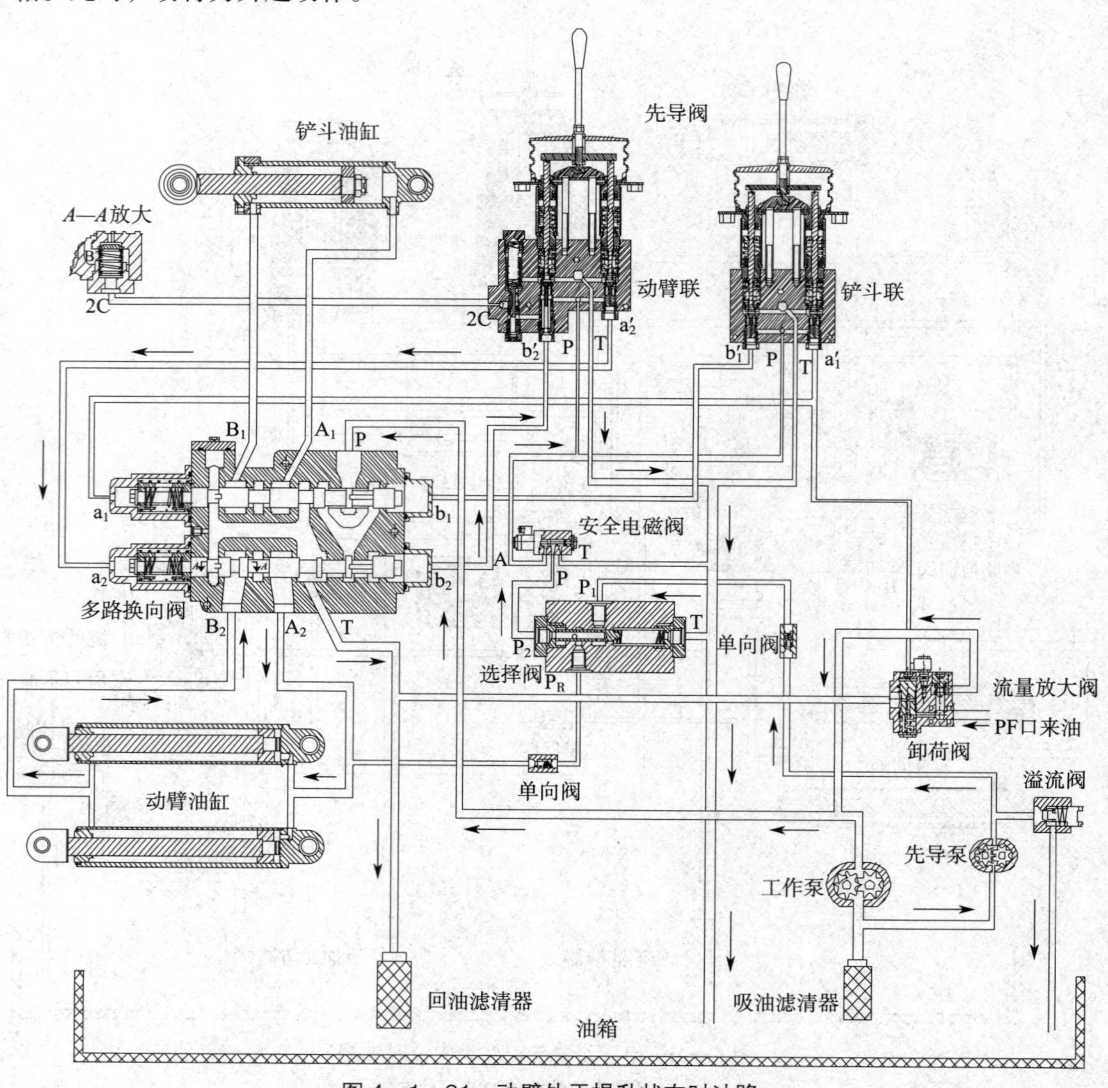

图 4—1—31 动臂处于提升状态时油路

3）动臂处于下降状态时，油路如图 4—1—32 所示。

先导控制油路：先导泵→单向阀→选择阀 P_1 口→选择阀 P_2 口→安全电磁阀 P 口→安

全电磁阀 A 口→先导阀动臂联 P 口→先导阀动臂联 b_2' 口→多路换向阀 b_2 口；多路换向阀 a_2 口→先导阀动臂联 a_2' 口→先导阀动臂联 T 口。该先导控制油路的作用是使多路换向阀 P 口与 B_2 口接通，A_2 口与 T 口接通。

主油路：{ 工作泵 / 转向泵（经流量放大阀和卸荷阀）}（压力油合流）→多路换向阀 P 口→多路换向阀 B_2 口→动臂油缸小腔；动臂油缸大腔→多路换向阀 A_2 口→多路换向阀 T 口→回油滤清器→油箱。此时，动臂为下降动作。

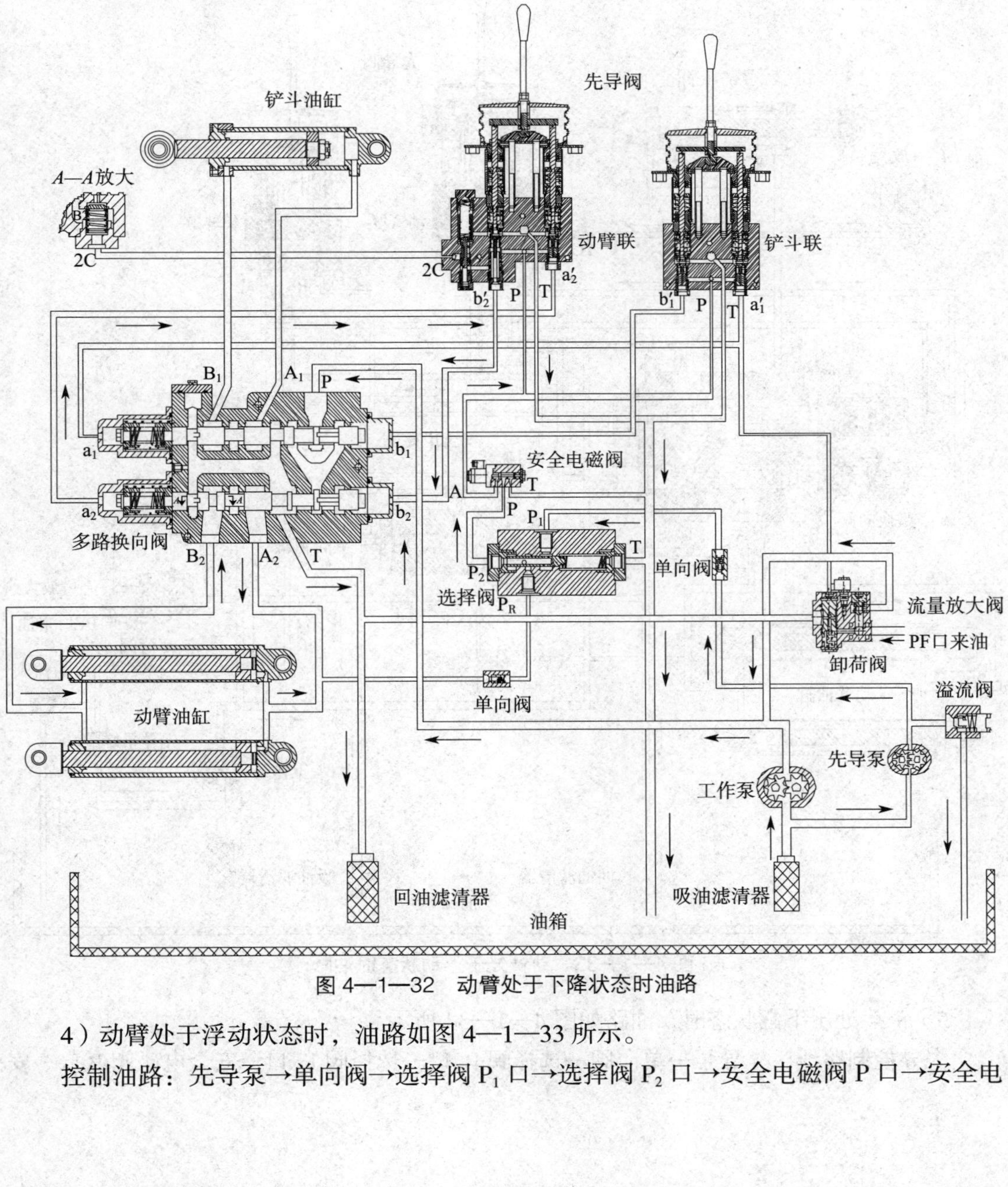

图 4—1—32　动臂处于下降状态时油路

4）动臂处于浮动状态时，油路如图 4—1—33 所示。

控制油路：先导泵→单向阀→选择阀 P_1 口→选择阀 P_2 口→安全电磁阀 P 口→安全电

磁阀 A 口→先导阀动臂联 P 口→先导阀动臂联 b_2' 口→多路换向阀 b_2 口；多路换向阀 a_2 口→先导阀动臂联 a_2' 口→先导阀动臂联 T 口。该先导油路的作用是使多路换向阀 P 口与 B_2 口接通，A_2 口与 T 口接通；而先导阀的 2C′ 口与 T 口是接通的。

主油路：多路换向阀的 P 口、B_2 口与先导阀的 2C′ 口、T 口接通，B_2 口与动臂油缸小腔相连，A_2 口与动臂油缸大腔相连，从而实现了动臂油缸大腔与小腔相通。此时，动臂油缸处于自由浮动状态。

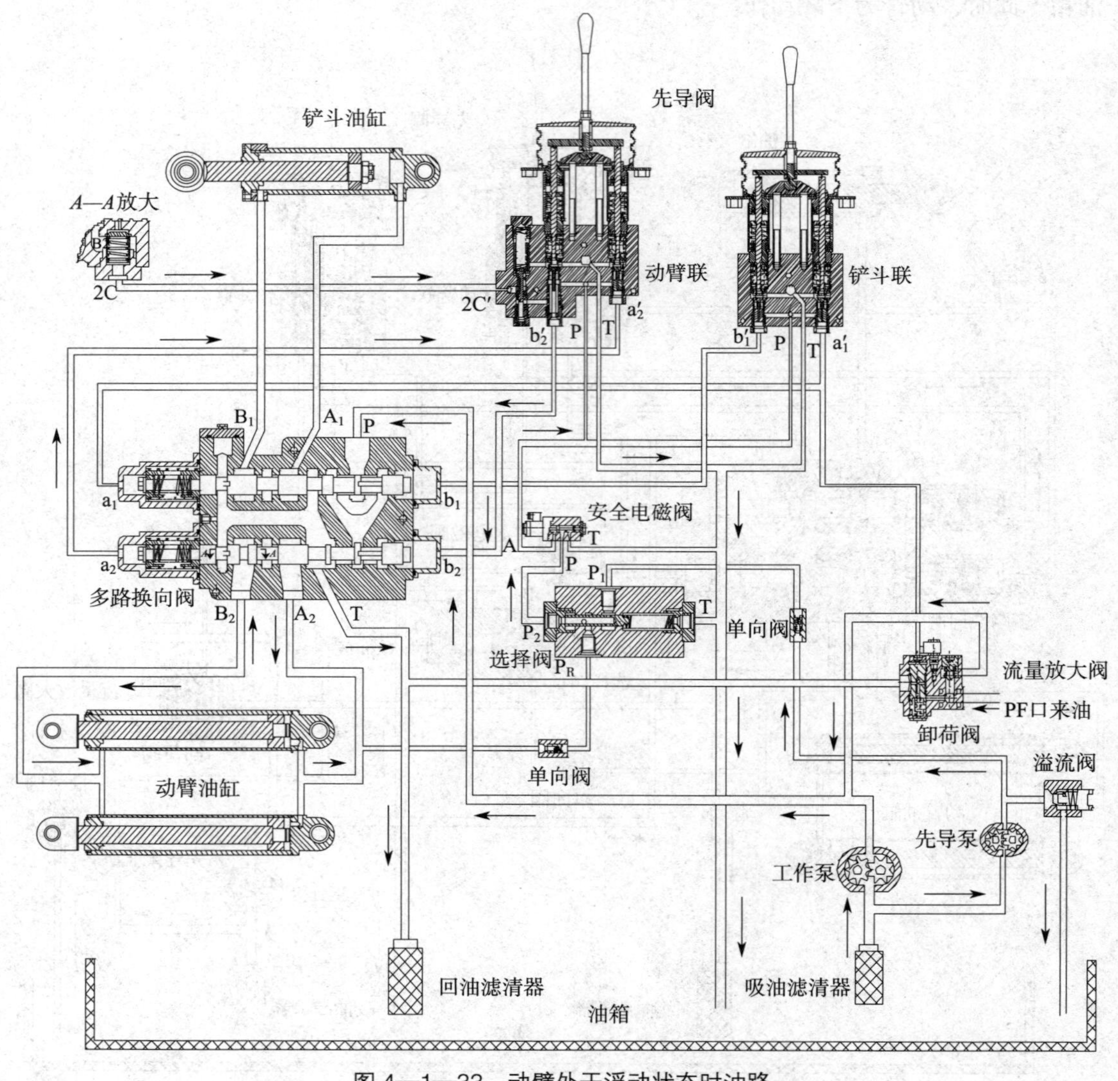

图 4—1—33 动臂处于浮动状态时油路

5）铲斗处于下翻状态时，油路如图 4—1—34 所示。

先导控制路线：先导泵→单向阀→选择阀 P_1 口→选择阀 P_2 口→安全电磁阀 P 口→安

全电磁阀 A 口→先导阀铲斗联 P 口→先导阀铲斗联 a_1' 口→多路换向阀 a_1 口；多路换向阀 b_1 口→先导阀铲斗联 b_1' 口→先导阀铲斗联 T 口。该先导控制油路的作用是使多路换向阀 P 口与 A_1 口接通，B_1 口与 T 口接通，同时先导阀铲斗联 a_1' 口的压力油作用于卸荷阀，使卸荷阀的进油口和出油口接通，从而使来自流量放大阀 PF 口的压力油经卸荷阀直接流回油箱。

主油路：工作泵→多路换向阀 P 口→多路换向阀 A_1 口→铲斗油缸大腔；铲斗油缸小腔多路换向阀 B_1 口→多路换向阀 T 口→回油滤清器→油箱。此时，铲斗为挖掘动作（通常在地面上挖掘工况时卸荷阀将多余的流量分流）。

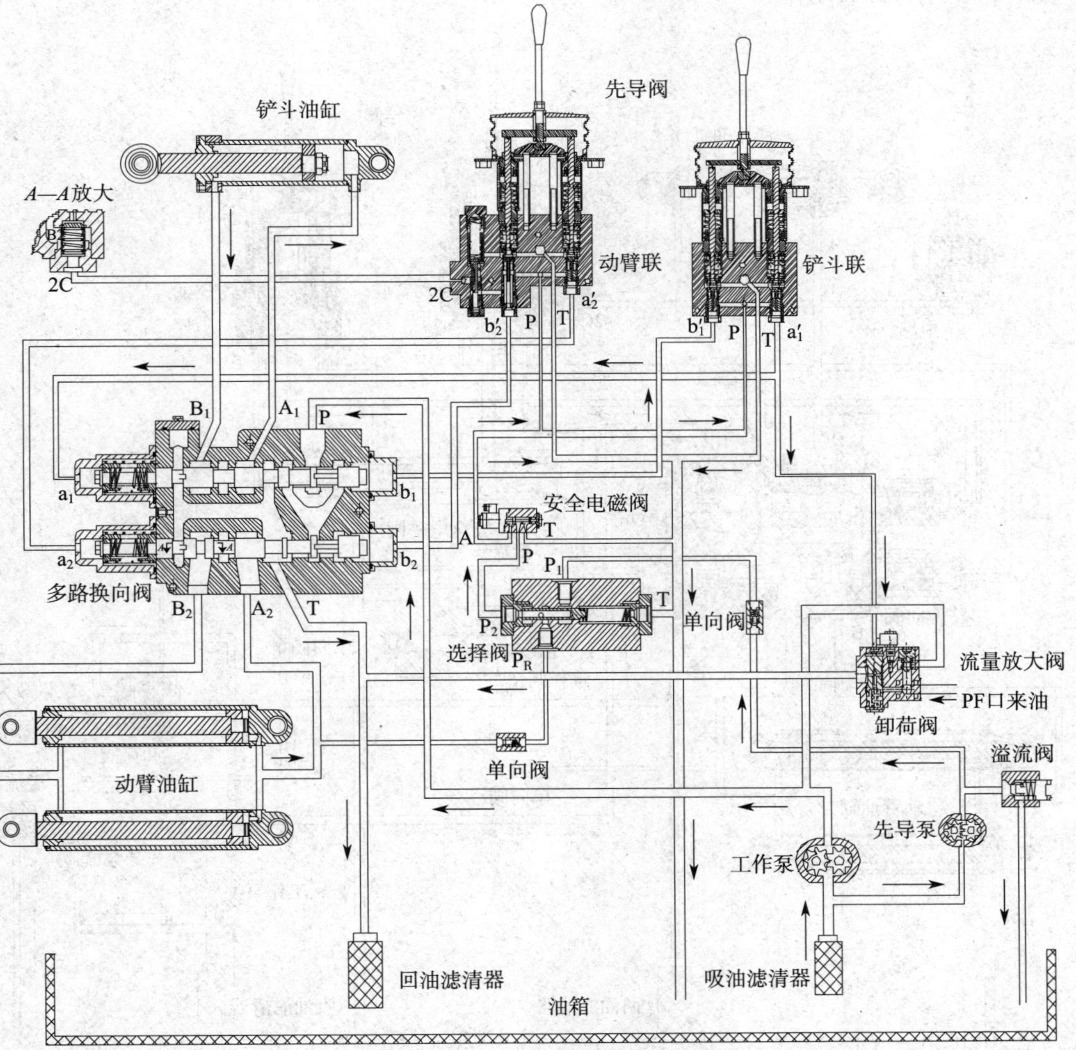

图 4—1—34　铲斗处于下翻状态时油路

6）铲斗处于上翻状态时，油路如图 4—1—35 所示。

先导控制油路：先导泵→单向阀→选择阀 P_1 口→选择阀 P_2 口→安全电磁阀 P 口→安全电磁阀 A 口→先导阀铲斗联 P 口→先导阀铲斗联 b_1' 口→多路换向阀 b_1 口；多路换向阀 a_1 口→先导阀铲斗联 a_1' 口→先导阀铲斗联 T 口。该先导控制油路的作用是使多路换向阀 P 口与 B_1 口接通，A_1 口与 T 口接通。

主油路：$\left\{\begin{array}{l}\text{工作泵}\\\text{转向泵（经流量放大阀和卸荷阀）}\end{array}\right\}$（压力油合流）→多路换向阀 P 口→多路换向阀 B_1→铲斗油缸小腔；铲斗油缸大腔→多路换向阀 A_1→多路换向阀 T 口→回油滤清器→油箱。此时，铲斗为卸载动作。

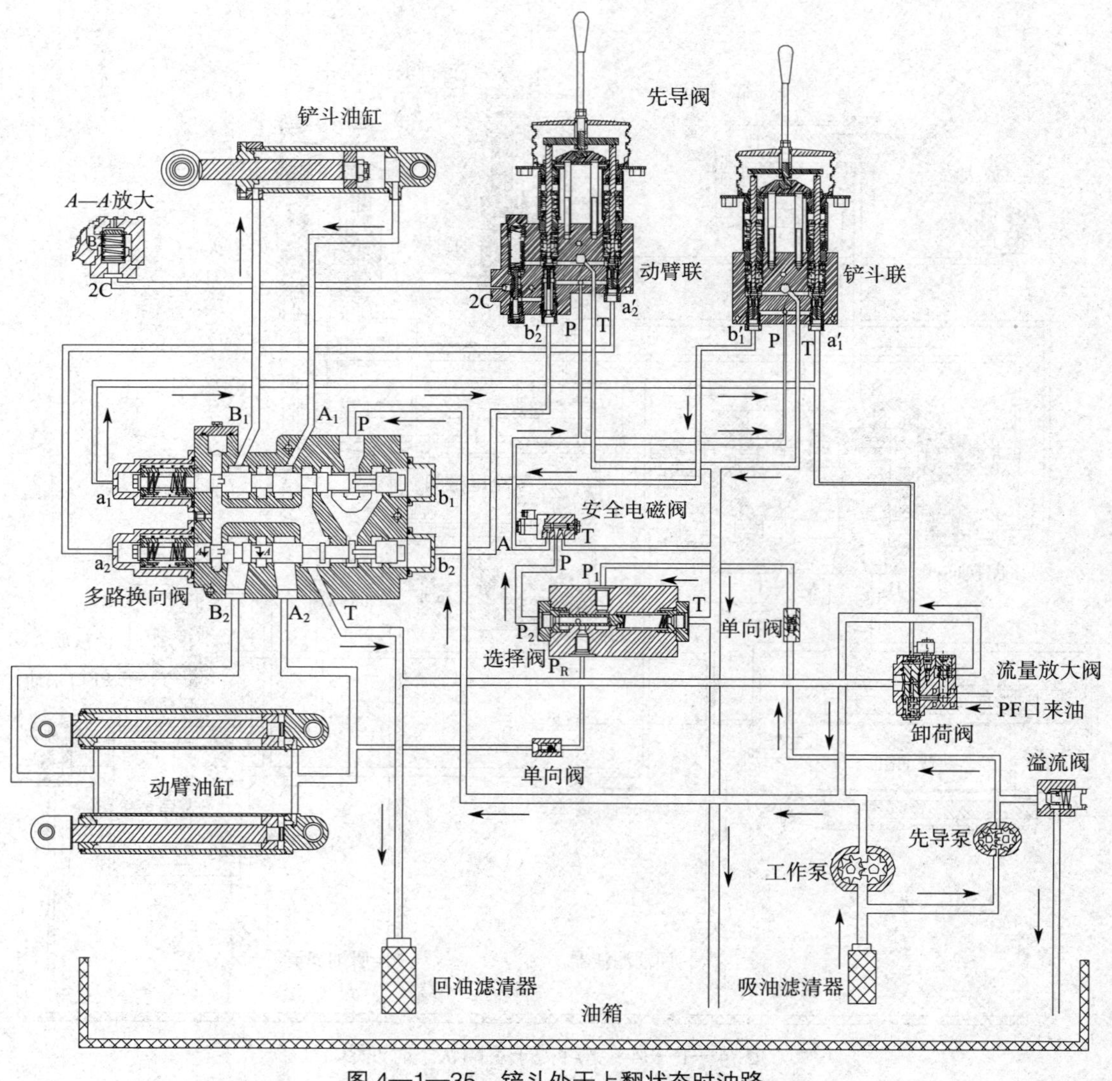

图 4—1—35　铲斗处于上翻状态时油路

2. 转向液压系统

（1）转向液压系统的组成

转向液压系统的功用是控制装载机的行驶方向，使装载机稳定地保持直线行驶，且在转向时能灵活地改变行驶方向。性能良好、稳定的转向液压系统可以保证装载机安全行驶、减轻驾驶员劳动强度、提高作业效率。转向液压系统如图 4—1—36 所示。

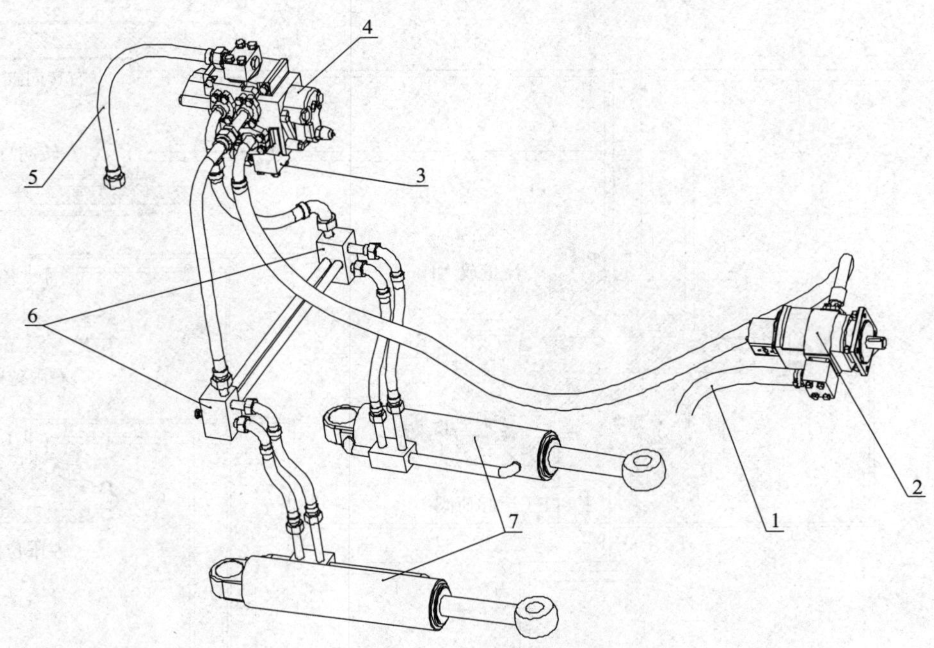

图 4—1—36　转向液压系统

1—转向泵进油管　2—先导、转向双联泵　3—卸荷阀　4—流量放大阀
5—流量放大阀回油管　6—接头块　7—转向油缸

（2）转向液压系统的油路

1）方向盘转向中位状态时，油路如图 4—1—37 所示。

控制油路：先导泵→溢流阀进油口→溢流阀回油口→油箱。在该先导控制油路中，此先导泵与工作系统中先导泵为同一元件。

主油路：转向泵→流量放大阀 P 口→流量放大阀 PF 口→卸荷阀→多路换向阀→回油滤清器→油箱。此时，装载机处于不转向状态。

2）方向盘左转时，油路如图 4—1—38 所示。

控制油路：先导泵→转向器 P 口→转向器 L 口→左限位阀 L 口→左限位阀 L_1' 口→流量放大阀 L_1 口；流量放大阀 R_1 口→右限位阀 R_1' 口→右限位阀 R′ 口→转向器 R

口→转向器 T 口。该先导油路的作用是使流量放大阀 P 口与 L 口接通，以及 R 口与 T 口接通。

主油路：转向泵→流量放大阀 P 口→流量放大阀 L 口→左转向油缸小腔和右转向油缸大腔；左转向油缸大腔和右转向油缸小腔→流量放大阀 R 口→流量放大阀 T 口→回油滤清器→油箱。其中，转向泵多余的流量经流量放大阀 PF 口合流到工作装置液压系统中。

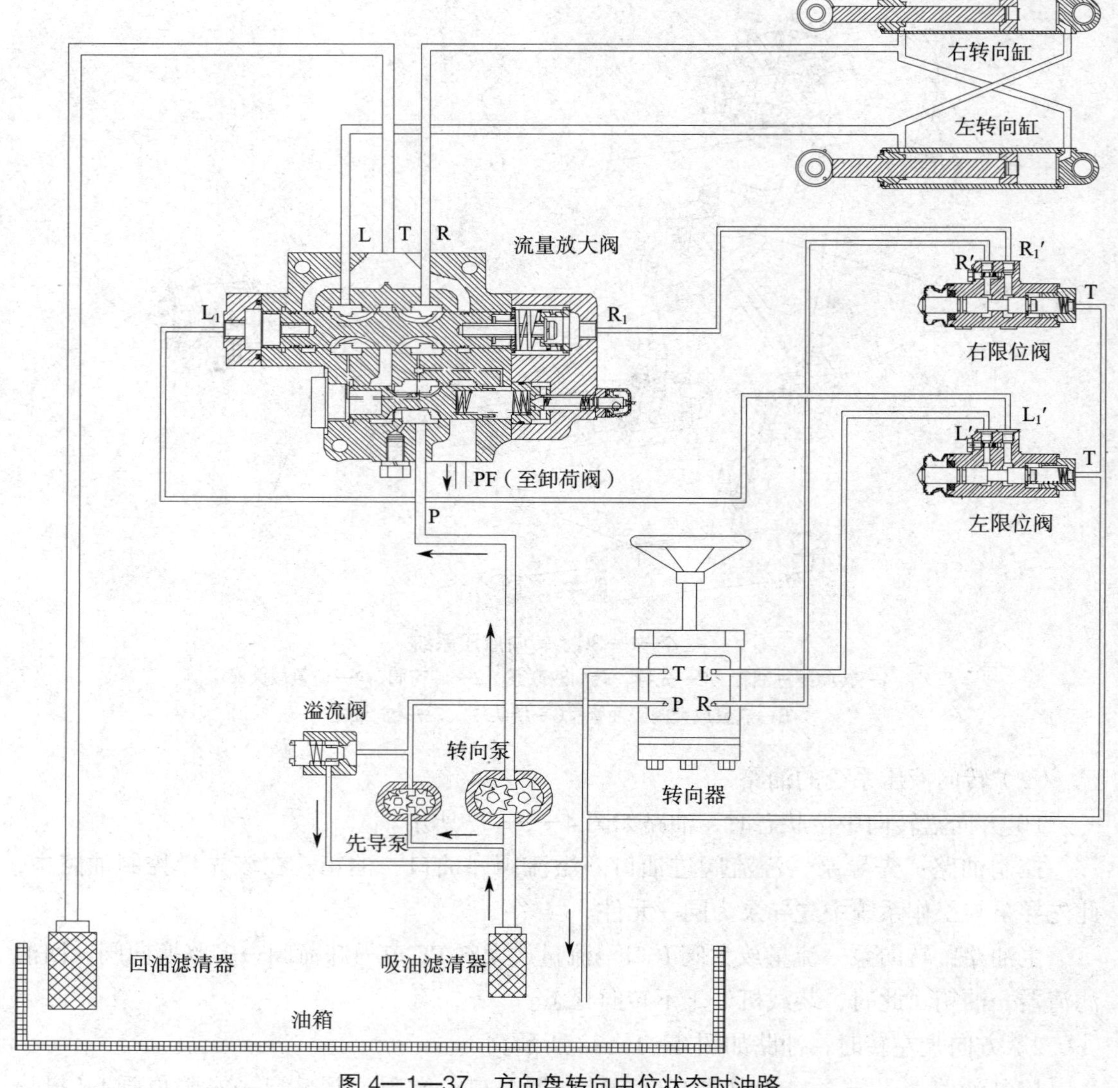

图 4—1—37　方向盘转向中位状态时油路

⟶表示主油路接通时油液流动的方向

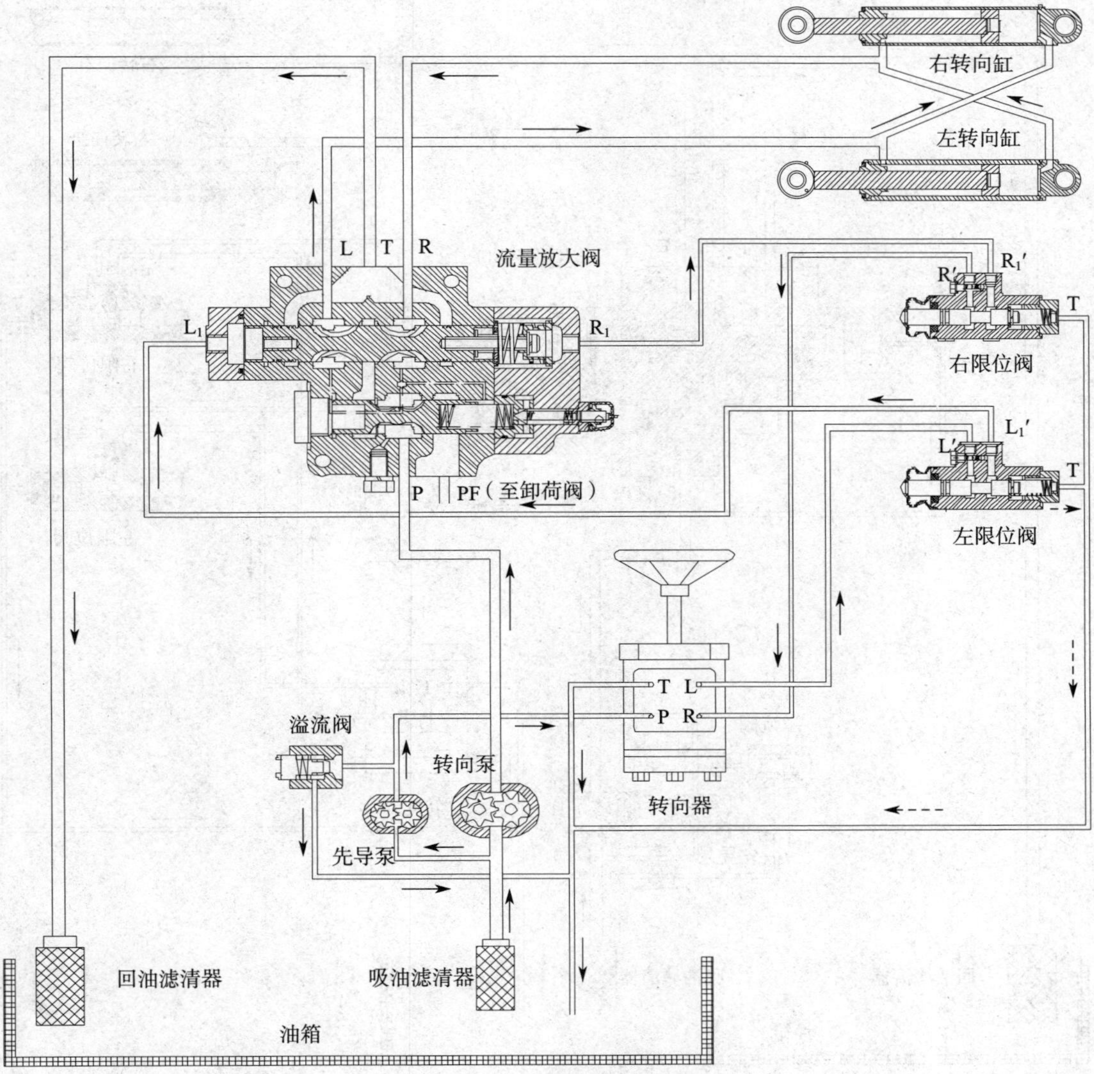

图 4—1—38　方向盘左转时油路

3）方向盘右转时，油路如图 4—1—39 所示。

控制油路：先导泵→转向器 P 口→转向器 R 口→右限位阀 R′ 口→右限位阀 R_1' 口→流量放大阀 R_1 口；流量放大阀 L_1 口→左限位阀 L_1' 口→左限位阀 L′ 口→转向器 L 口→转向器 T 口。该先导油路的作用是使流量放大阀 P 口与 R 口接通，以及 L 口与 T 口接通。

主油路：转向泵→流量放大阀 P 口→流量放大阀 R 口→右转向油缸小腔和左转向油缸大腔；右转向油缸大腔和左转向油缸小腔→流量放大阀 L 口→流量放大阀 T 口→回油滤清器→油箱。其中，转向泵多余的流量经流量放大阀 PF 口合流到工作装置液压系统中。

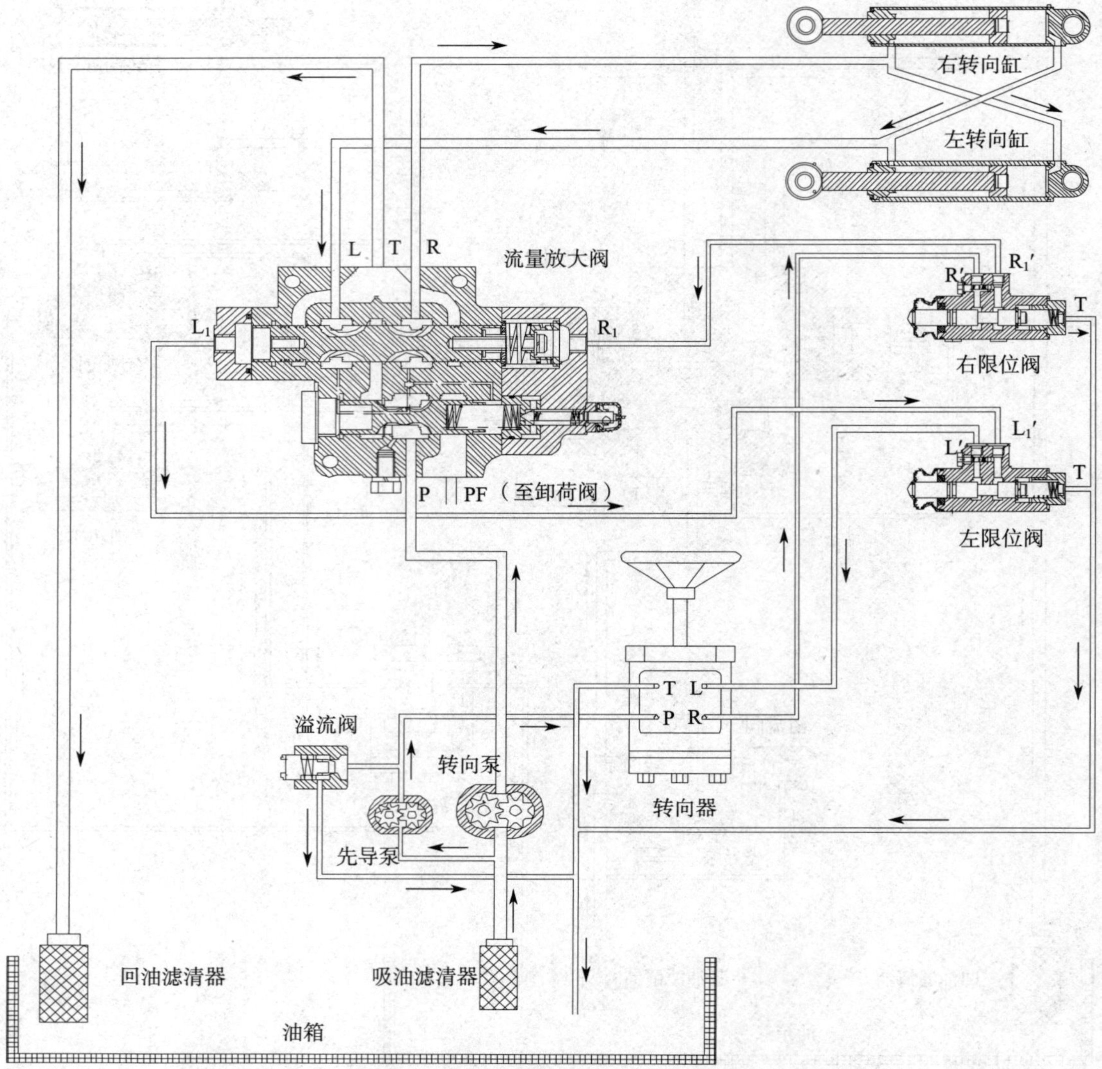

图 4—1—39　方向盘右转时油路

3. 先导液压系统

先导液压系统的功用主要有 2 个方面：一是利用来自先导泵的较小流量压力油推动流量放大阀的主阀芯移动，以控制来自转向泵的较大流量压力油进入左、右转向油缸，从而实现以低压、小流量压力油控制高压、大流量压力油的目的，减轻操作者的劳动强度；二是通过先导阀来控制液动多路换向阀的动作，大大减轻了铲斗、动臂操作杆的换向操作力，如图 4—1—40 所示。

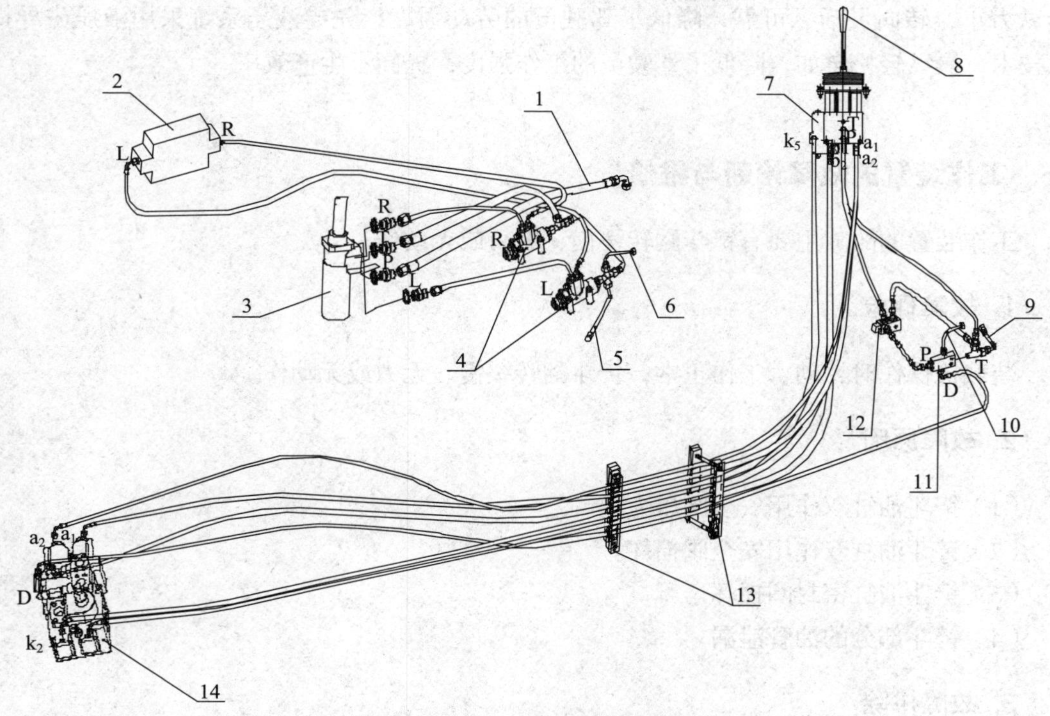

图 4—1—40　先导液压系统图

1—转向器进油管　2—流量放大阀　3—转向器　4—限位阀　5、9—回油管　6—溢流阀回油管　7—先导阀　8—先导手柄　10—选择阀进油管　11—选择阀　12—电磁阀　13—固定管夹　14—多路换向阀

课题 2　工作装置及液压系统的故障诊断与维修

学习目标

1. 熟悉工作装置及液压系统的常见故障现象。
2. 掌握工作装置及液压系统的典型故障诊断与维修方法。

ZL50G 型装载机的液压系统由工作装置液压系统、转向液压系统、先导液压系统三部分组成。工作装置液压系统采用双泵合流技术，减少了液压功率损失，提高了液压系统元件的可靠性；转向液压系统为先导型流量放大转向系统，转向时作用在方向盘上的操纵力小，转向灵活、可靠，降低了驾驶员的劳动强度；先导液压系统采用液压先导操纵技术，操纵轻松自如，降低了驾驶员的工作强度，提高了生产效率。

一、工作装置的故障诊断与维修

工作装置的故障主要有铲斗翻转缓慢、无力或无动作。

1. 故障现象

装载机操作时，动臂工作正常，铲斗翻转缓慢、无力或无动作。

2. 故障原因

（1）铲斗油缸双作用安全阀压力低。
（2）铲斗油缸双作用安全阀损坏。
（3）铲斗油缸密封圈损坏。
（4）铲斗部分的油管泄漏。

3. 故障排除

在工作装置液压系统中，如果动臂工作正常，而铲斗翻转缓慢、无动作或无力，说明工作泵、主安全阀工作正常，所提供压力足够，同时也说明泵进油端管路和滤油器以及油箱油量、油质没问题。此时，只需检查铲斗滑阀、铲斗油缸大腔和小腔的双作用安全阀、铲斗油缸、铲斗部分的油管及其密封件。

铲斗油缸的大、小腔油路上均安装了双作用安全阀，起过载保护和补油作用，也控制着 2 个腔的压力。铲斗翻转工作缓慢、无力或无动作常与 2 个双作用安全阀的控制压力偏低有关，因此对双作用安全阀的检查很重要。

（1）检查和调整铲斗油缸小腔安全阀压力

在油管接头自制测压点，接上量程为 20 MPa 的压力表；将动臂提升到水平位置，发动机怠速运转；操纵铲斗阀芯使铲斗前倾到最大位置，铲斗滑阀回复中位；然后操纵滑阀提升动臂。此时，压力表读数应在 12 MPa。如果实际读数与规定参数有差异，应转动调压丝杆进行调整。丝杆拧进，压力升高；丝杆拧出，压力减小。该方法还可以排除铲装作业时铲斗自动下翻的故障。

（2）检查和调整铲斗油缸大腔安全阀压力

大腔压力必须高于系统压力，标准压力为 18 MPa。在油管接头自制测压点，接上量程为 25 MPa 的压力表，并将主安全阀压力调整到 18 MPa；操纵铲斗下翻，对铲斗油缸大腔加载，此时压力表读数应为 18 MPa。如果实际读数与规定参数有差异，应转动调压丝杆进行调整，方法与小腔的压力调整相同。必须注意：调高压力时，各油管的接头应牢靠，保证耐压、安全。

如果调压不起作用，则有可能因为双作用安全阀不起作用而导致故障。拆开双作用安全阀，检查阀孔与阀芯的间隙。间隙的标准值为 0.01 ~ 0.02 mm，极限值为 0.035 mm。检查弹簧压力，施加压力应大于 660 N。或者拆下铲斗油缸，检查活塞密封件。

二、工作装置液压系统的故障诊断与维修

动臂提升慢的故障分析

1. 动臂提升慢

（1）故障现象

铲斗装满额定载荷并收回，使限位块与动臂贴合，将铲斗降至最低位置，液压油温度为（45 ± 5）℃，匀速加大油门至额定转速，快速操纵先导手柄，将动臂提升至最高位置。铲斗从最低位置提升到最高位置所用的时间大于 6 s，超时。标准时间应不超过 6 s。

（2）故障原因

合流及先导技术的应用增加了液压系统故障排除的难度。排除动臂提升慢的故障时，需综合考虑先导液压系统、转向液压系统、工作装置液压系统之间的相互影响。这个故障为综合性故障，故障原因有以下方面：

1）先导液压系统的压力低。

2）工作装置液压系统的压力低。

3）管路连接错误（主要针对刚修理过的整机）。

4）管路堵塞或吸油不畅。

5）液压系统进气。

6）动臂油缸内泄。

（3）故障排除

1）检查并测量先导液压系统的压力，按如下方法：

①先导液压系统压力检测方法。发动机熄火后，将量程为 10 MPa 的压力表接在集中测压先导压力检测口上，如图 4—2—1 所示。起动整机，检测先导系统压力。此时，液压油温度应为（45 ± 5）℃。按照技术要求，先导系统压力正常值为：怠速时，压力不低于 2.5 MPa；额定转速时，压力不高于 5 MPa。

②先导液压系统压力调整方法。如果测得的压力值不符合技术要求，需按以下方法进行调整：

先导压力调整点为双联泵后部的溢流阀（*A* 处），如图 4—2—2 所示。松开先导溢流阀调压螺钉的锁紧螺母，用专用工具调整调压螺钉。顺时针拧紧时，压力变大；逆时针

拧松时，压力变小。调整先导压力时，需同步监控压力表的变化情况。当调压螺钉拧紧或拧松 2 ~ 3 圈而先导压力无变化时，应检查溢流阀是否卡滞或者先导泵是否内泄。溢流阀卡滞时，可采用清洗或更换的办法解决；先导泵内泄时，常伴有先导泵温升异常，需更换先导泵。配置先导泵的整机因为先导压力无法调整，所以应更换先导系统溢流阀组件。当先导压力低时，常伴有转向沉重的故障现象。

图 4—2—1　在集中测压先导压力检测口安装压力表　　图 4—2—2　先导压力调整点 *A*

2）检查测量工作液压系统的压力，按如下方法：

①工作液压系统压力检测方法。发动机熄火后，用量程为 25 MPa 的压力表接在集中测压工作压力检测口上；起动整机，检测工作液压系统压力。将工作装置动臂提升到最高铲斗限位块与动臂贴合位置，液压油温度为（45 ± 5）℃；操纵先导手柄至铲斗上翻至最高位，缓慢提高发动机转速直至额定转速 2 200 r/min，最高压力值应为（17.5 ± 0.5）MPa。

②工作液压系统压力调整方法。如果测得的压力值不符合技术要求，需按以下方法进行调整：

工作液压系统压力调整点为多路换向阀 *B* 处，如图 4—2—3 所示。松开多路换向阀主安全阀调压螺钉的锁紧螺母；用专用工具调整调压螺钉。顺时针拧紧调压螺钉时，压力变大；逆时针拧松调压螺钉时，压力变小。工作压力调整时，应同步监控压力表的变化情况。当调压螺钉拧紧或拧松 2 ~ 3 圈而先导压力无变化时，应检查安全阀是否卡滞，工作泵或转向泵是否内泄。主安全阀卡滞时，可采用清洗或更换的办法解决。工作泵或转向泵内泄时，常伴有先导泵温升异常，通常需更换工作泵或转向泵解决。

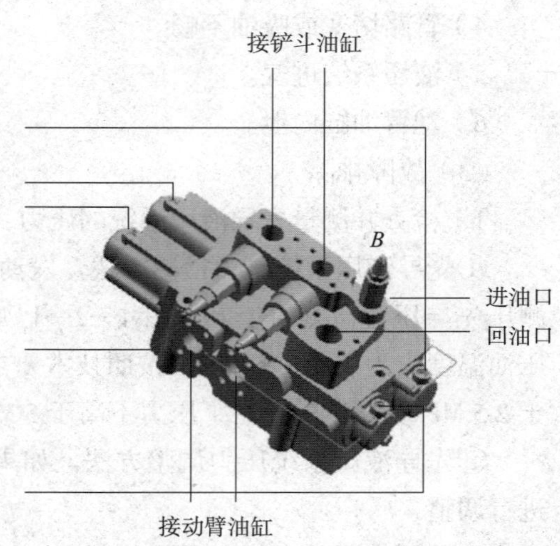

图 4—2—3　分配阀管路连接示意图

B—工作压力调节阀

3）检查管路连接是否正确。管路连接错

误的情况容易出现在液压系统大修过后。此时，要重点检查先导液压控制元件选择阀、先导阀油口，以及双泵合流液压控制元件（流量放大阀）的合流油口是否连接错误。

4）检查管路是否有堵塞或吸油不畅。管路或接头堵塞，容易引起背压升高，常伴有液压泵温升、某段管路温升、某段管路跳动、液压系统异响等异常现象。通过仪表检测或人体感知进行仔细的甄别，均可准确找到故障点。吸油不畅的故障主要发生在设备使用的中、后期，因为液压系统保养不到位而出现滤网堵塞现象；也可能在设备使用早期，吸油管路弯折或因材质强度不足而出现吸瘪现象。此时，怠速提升动臂时感觉不明显，但高速提升动臂时会出现动臂缸“爬行”和液压泵异响等现象。

5）检查液压系统是否进气。检查系统中是否存在下列问题：吸油胶管喉箍紧固不到位；吸油钢管接头的O形密封圈装配不到位，接头压板未压紧；胶管和钢管有气孔存在；油箱内部吸油钢管存在裂纹或焊缝气孔（此故障主要出现在顶吸式液压油箱构造）；液压泵吸油腔密封不严。

6）检查动臂油缸是否内泄严重。油缸轻微内泄时，在工作过程中对动臂的提升速度影响表现并不明显。当油缸内泄量较大时，动臂提升速度受影响的表现会随负载的增加而愈加明显。主要故障表现：整机长期工作后，有内泄的油缸温度高于正常液压油缸。检查方法：可通过沉降量检测方法检查油缸是否内泄。

2. 动臂下沉

（1）故障现象

当先导阀的操作手柄处于中位时，动臂自行下降，且下降量超出油缸的沉降量标准，即所谓的动臂下沉。

（2）故障原因

当动臂被举升并停留在任意高度时，动臂的自重使动臂油缸大腔存在相应的油压。此时，只要大腔的压力油的回油口有泄漏，就会导致动臂自行下降。引起动臂下沉的原因如下：

1）分配阀内泄。

2）动臂油缸泄漏。

3）先导阀内泄。

4）压力选择阀内泄。

5）单向阀损坏。

（3）故障排除

遇到这种故障时，可以将单向阀反接，再次测量动臂沉降量。如果此时沉降量依然超标［>60 ml/（15 min）］，说明分配阀内泄或动臂油缸泄漏。将动臂降至最低位置；将2根动臂缸大腔的胶管拆下；起动发动机，将先导手柄推到动臂下降位置；然后，踩下油门踏板，增大油缸的压力油压力，观察动臂油缸上的2个油口是否有油液流出。如果2个油口均没有油液流出，则排除动臂油缸泄漏的可能性，即可确定为分配阀内泄而导致动臂下沉。

如果反接单向阀后整机沉降量符合标准值，就应排查先导阀、压力选择阀或者单向阀的故障点。先将压力选择阀短接，把先导泵出油管直接接到先导阀进油口上，如果此时测量的沉降量仍符合标准，可判断为先导阀的问题，更换先导阀即可。

3. 动臂举升无力

（1）故障现象

在柴油机额定转速下，操纵先导阀手柄使动臂满载提升，动臂无法举升。

（2）故障原因

动臂举升无力最直接的原因是动臂油缸大腔压力过低。造成该压力过低的主要原因有：

1）分配阀的主安全阀压力过低。这是由调压弹簧折断、阀芯有脏物卡在开启位置、阀体上有砂孔或沟槽与回油腔相通等原因造成。

2）工作泵发生严重的内漏，使系统无法建立起压力或压力达不到设定值。

3）动臂油缸发生严重的内漏。这是由拉缸或密封件的损坏等原因造成。

4）分配阀阀体的进油道与回油道之间有严重的内漏。这是由砂孔或阀体材料的崩缺等原因造成，使系统无法建立起压力或压力达不到设定值。

（3）故障排除

首先，起动装载机并提升动臂；然后，观察从泵口到动臂油缸大腔之间的接头、管道、阀及各结合面是否发生严重的外漏。

如果没有外漏现象发生，则应进行基本的检查，如油箱中的液压油油位是否高于最低油位线，液压油是否含有大量的气泡或颜色发黑等。如果油位不够，应加油；如果液压油变质，应排放旧油，彻底清洗整个液压系统的油箱、油缸、管路等，更换符合要求的新油。

判断液压油没有异常后，应起动装载机，操纵先导阀阀芯处于收斗位置，使液压系统负载，同时注意倾听工作泵是否有啸叫。如果工作泵有啸叫，说明工作泵的吸油严重不足。此时，应检查吸油滤清器及吸油软管等是否堵塞。

在工作泵无啸叫的情况下，可以进行以下排查：起动装载机，操纵先导阀，使工作泵负载1～2min；将发动机熄火，用手小心触摸工作泵外壳。如果工作泵外壳烫手，则可以判定工作泵发生严重的内漏，造成其输出流量不足。

动臂油缸和分配阀的故障排除方法可参考动臂下沉的故障排除方法。

三、转向系统的故障诊断与维修

1. 转向沉重

（1）故障现象

行驶过程中旋转方向盘，控制装载机转向，整机转向沉重。

（2）故障原因

1）先导系统的压力低。

2）管路连接错误（主要是对正在修理或刚修理过的车）。

3）管路接头有堵塞。

4）吸油管路进气或漏油。

5）转向系统的压力低。

6）转向油缸内泄。

（3）故障排除

在进行系统压力的测定、调整前要将装载机整机停放在平整的地面上，放下动臂、放平铲斗，熄灭发动机，确保操作安全。

1）测量先导压力前，先将动臂降到最低位置，铲斗下翻回收到最大收斗位置。先导压力的测压口在压力选择阀的接头块上，来自双联泵的压力油经该接头块进入压力选择阀。测压口用螺纹为 M14 × 1.5 mm 螺塞堵住。

测量转向压力前，先将液压限位用的顶杆拆掉。该顶杆的作用：当车转向到一定的角度（并未到机械限位状态）时，该顶杆推动限位阀阀芯移动，切断转向油路，使车停止转向。

2）测量系统压力是否正常。在先导压力集中测压点接上（螺纹为 M14 × 1.5 mm）接头，用量程为 10 MPa 的压力表测量先导系统的压力。正常的压力为：发动机在怠速油门下先导压力不低于 2.2 MPa，发动机在高速油门下先导压力不高于 5 MPa。

在转向压力集中测压点接上（螺纹为 M14 × 1.5 mm）接头，用量程为 25 MPa 的压力表测量转向系统的压力。测量压力时，必须将车转向到最大转角，处于机械限位状态，并保持方向盘处于转向状态。发动机在高速油门时转向系统压力应达到 15 MPa。如果以上两种测量压力不符合规定值，需要调整。

3）调整压力，具体操作如下：

①调整先导压力的位置是双联泵后部的溢流阀 *A* 处，如图 4—2—4 所示。松开溢流阀的锁紧锁母，用专用工具调整调整螺套。顺时针旋动时，转向压力变大；逆时针旋动时，元件的压力变小。

②调整转向压力的位置在优先流量放大阀的端部 *B* 处，如图 4—2—5 所示。将流量

放大阀 B 处的盖拧下，通过旋拧调压螺杆可进行压力的调整。螺杆向内旋进，压力变大，螺杆向外旋出，压力变小。

图 4—2—4　先导液压系统溢流阀调压点

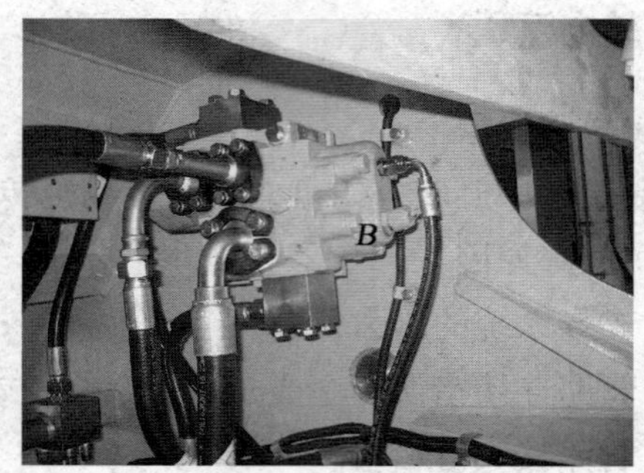

图 4—2—5　转向系统安全阀调压点

4）检查管路连接是否正确。这种方法主要针对管路曾经拆卸修理过的装载机。重点检查先导泵、限位阀回油管路的连接是否正确。如果回油管路接错，容易引起背压升高、操纵力重等故障。另外，还要检查吸油管路是否存在进气、漏油等问题。

5）检查管路接头是否堵塞。如果管路或接头因为脏物堵塞，容易引起背压升高、操纵力重的问题。这种情况时有发生。

6）检查转向油缸是否有内泄。将转向油缸活塞收到底，拆下无杆腔油管，使有杆腔继续充油。如果无杆腔油口有较多油液流出，说明活塞密封环已损坏，应更换。如果油缸内泄，会造成转向系统压力低，同时转向无力。

四、液压系统的其他故障诊断与维修

1. 转向失灵

（1）故障现象

转向时突然出现转向失灵或无转向，但是工作装置液压系统正常。

（2）故障原因与故障排除（表 4—2—1）

表 4—2—1　　装载机转向失灵的故障原因与故障排除

故障原因	故障排除
转向器内弹簧片折断	更换转向器弹簧片
转向器内的定子或转子严重泄漏	更换转向器
转向油缸密封件严重损坏，转向油缸活塞脱落或活塞杆断	更换转向油缸密封件，更换转向油缸活塞或活塞杆

续表

故障原因	故障排除
转向器内拨销折断或变形	更换转向器拨销或转向器
转向柱与转向器连接块断裂或损坏	更换转向柱与转向器连接块
带优先阀转向的系统中优先阀阀芯卡滞，引起转向泵排出的油液不能进入转向器，造成大量油液分流到工作装置液压系统	清洗或更换优先阀
带优先阀转向的系统中转向器至优先阀之间的信号油口堵塞，导致转向压力信号不能及时、准确地传递到优先阀	清洗转向器，并检查压力信号油管
优先流量放大阀阀芯卡滞或阀芯回位弹簧断裂	检修优先流量放大阀，必要时更换

2. 自动跑偏

（1）故障现象

在正常行驶中，遇到路面高低不平时，装载机的行驶会在无转向操作时发生自动偏转。

（2）故障原因与故障排除（表 4—2—2）

表 4—2—2　　装载机自动跑偏的故障原因与故障排除

故障原因	故障排除
转向器单向阀（小钢球）没有完全关闭	清洗转向器
转向器转子与定子内漏较大	更换转向器
转向器过载压力低于安全阀压力，或过载阀密封件、弹簧有损坏	调整转向系统工作压力和过载阀压力，更换过载阀或转向器总成
转向器型号选择不当，排量过小	选择正确排量的转向器
转向油缸密封件损坏	更换转向油缸密封件
转向系统回油背压偏低	提高转向系统回油背压
液压油中有大量空气	查找进气原因并排除

3. 方向盘自转

（1）故障现象

装载机行驶中，驾驶员未操作方向盘转向，而方向盘自动转动。

（2）故障原因与故障排除（表 4—2—3）

表 4—2—3　装载机方向盘自转的故障原因与故障排除

故障原因	故障排除
转向器的联动轴与转子安装、调整不当。此故障一般是在转向器拆检后没装好，造成配油错乱	重新安装、调整，或更换转向器
转向器进油口单向阀损坏或不起作用，从而引起转向系统油液倒流	检修转向器进油口单向阀，或更换转向器
转向器弹簧片折断，阀芯、阀套不能回到中位	更换转向器弹簧片

4. 方向盘转到死点后无法回转

（1）故障现象

方向盘一侧转向转到死点后无法回转（即卡死）。

（2）故障原因与故障排除（表 4—2—4）

表 4—2—4　装载机方向盘转到死点后无法回转的故障原因与故障排除

故障原因	故障排除
方向盘转到一侧死点后，转向器阀芯、阀套卡死	检修或更换转向器
一侧先导型优先流量放大转向系统中，方向盘转到死点后，优先型流量放大阀阀芯卡死而不能回到中位	清洗、检修或更换流量放大阀
带转向液压限位的转向液压系统中，方向盘转到一侧死点后，转向限位阀阀芯卡死而不能回位	清洗、检修或更换转向限位阀

5. 动臂、铲斗提升力不足

（1）故障现象

动臂、铲斗提升力不足。发动机转速高时，铲斗或动臂却提升缓慢。

（2）故障原因与故障排除（表 4—2—5）

表 4—2—5　装载机动臂、铲斗提升力不足的故障原因与故障排除

故障原因	故障排除
油缸油封磨损或损坏	更换油封
分配阀过度磨损，阀芯与阀体的配合间隙超过规定值	拆检并修复，使配合间隙达到规定值，或更换分配阀
管路系统漏油	找出漏油处并予以排除
工作泵严重内漏	更换工作泵
安全阀调整不当，系统压力偏低	将系统压力调整至规定值
吸油管及滤油器堵塞	清洗滤油器、吸油管，并换新油

6. 转向过快

（1）故障现象

发动机高速运转时装载机转向过快。

（2）故障原因与故障排除（表 4—2—6）

表 4—2—6　　装载机转向过快的故障原因与故障排除

故障原因	故障排除
流量控制阀调整不对	按规定调整垫片
流量放大阀阀芯动作不灵活	检修或更换阀芯
流量放大阀阀芯两端计量孔堵塞或孔的位置不正确	清洗或更换阀芯

7. 转向泵噪声大

（1）故障现象

转向泵噪声大，转向油缸动作缓慢。

（2）故障原因与故障排除（表 4—2—7）

表 4—2—7　　装载机转向泵噪声大的故障原因与故障排除

故障原因	故障排除
转向油路内有空气	起动装载机，多次左、右转向
转向泵磨损，以及流量不足	更换转向泵
油的黏度不够	更换正确牌号的液压油
液压油不足	加足液压油
控制油路溢流阀（减压阀）的调定压力不正确	按规定调整控制油路溢流阀（减压阀）
转向油缸内漏	检修油缸或更换油缸的密封件

知识拓展

不同型号装载机液压系统、工作装置及其他部件特点见表 4—2—8。

表 4—2—8　　不同型号装载机液压系统、工作装置及其他部件特点

系统及部件		装载机型号		
		LW521F	LW541F	ZL50G
液压系统	工作装置系统	优先阀式双泵合流，铲斗自动放平	大流量单泵分流，铲斗自动放平	先导操纵，双泵合流装置，铲斗任意位置自动找平
	转向系统	优先阀式双泵合流，同轴流量放大，全液压转向	大流量单泵分流，全液压转向	先导操纵，流量放大阀实现转向机构合、分流

续表

系统及部件		装载机型号		
		LW521F	LW541F	ZL50G
液压系统	先导系统	无	无	先导操纵，降低劳动强度
工作装置		双摇臂结构，立式动臂油缸，整机结构紧凑、转向灵活	单摇臂结构，卧式动臂油缸；铲掘力强大，满足较多工况	
其他部件	机罩及驾驶室	工作台分离式驾驶室，气弹簧操纵机罩	整体式驾驶室，气弹簧操纵机罩	整体式驾驶室，电控开关线性驱动器操纵后机罩
	传动轴形式	汽车传动轴	嵌块传动轴	

模块五 装载机电气系统的故障诊断与维修

课题 1 电气系统的结构组成与工作原理

学习目标

1. 熟悉电气系统的结构组成。
2. 掌握电气系统的工作原理。

一、电气系统的结构组成

装载机的电气系统主要完成起动柴油机及照明、信号指示、仪表检测等工作，如图 5—1—1 所示。

电气系统的主要元件包括蓄电池、起动电动机、发电机、调节器等。电气系统主要有 5 个组成部分：电源起动部分、照明信号部分、仪表检测部分、电子监控部分和辅助部分。各部分的组成关系如图 5—1—1 所示。蓄电池给起动电动机供电；起动电动机产生动力，经传动机构带动发动机的曲轴转动，从而实现发动机的起动；通过传动带传动，带动发电机发电，供给所有用电设备电能，并给蓄电池充电；电压调节器控制发电机输出稳定的电压。

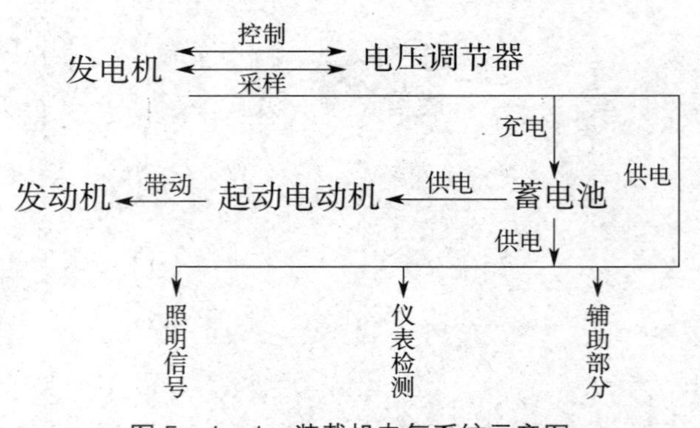

电气系统的组成

图 5—1—1 装载机电气系统示意图

二、电气系统元件

蓄电池和发电机共同构成装载机电源系统。此外，装载机电源系统还包括电压调节器（用于动态调节交流发电机的输出电压）、电流表、电压表或充电指示灯、点火开关等，连接关系如图 5—1—2 所示。

1. 蓄电池

蓄电池是一种可逆的直流电源，有充电和放电两种工作状态。在放电状态下，蓄电

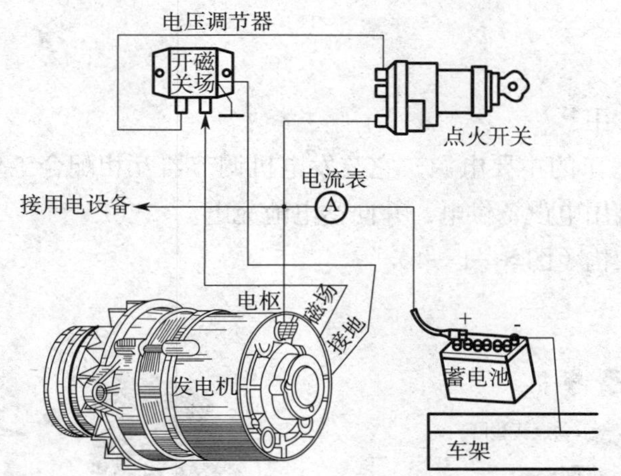

图 5—1—2 交流发电机、电压调节器、蓄电池的连接电路

池可将化学能转变为电能；在充电状态下，蓄电池可将电能转化为化学能。

（1）蓄电池的作用

1）发动机起动时，向起动系统供电。

2）发电机不发电或电压较低时向用电设备供电。

3）当用电设备同时接入较多而使发电机超载时，辅助发电机供电。

4）蓄电池存电不足且发电机负载较少时，可将发电机的电能转化为化学能储存起来。此外，蓄电池还相当于一个大的电容器，能吸收电路中随时出现的瞬间过电压，以保护晶体管元件不被击穿，延长使用寿命。它在一定意义上起到稳压作用。

（2）蓄电池的结构

蓄电池的结构如图 5—1—3 所示。

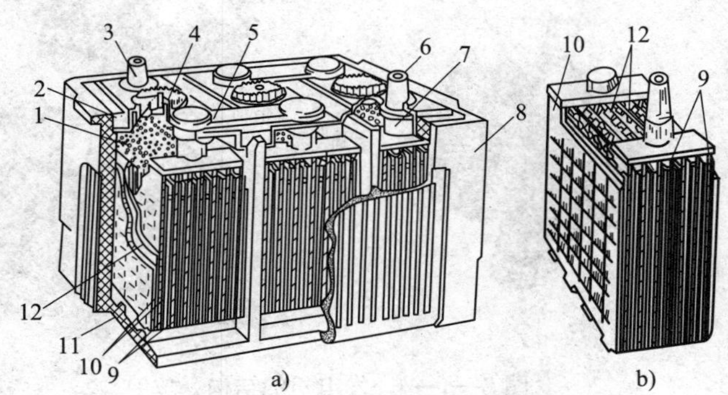

图 5—1—3 蓄电池的结构

a）整体结构 b）单格结构

1—护板 2—封料 3—负极接线柱 4—加液孔螺塞 5—连接条 6—正极接线柱 7—电极衬套 8—外壳 9—正极板 10—负极板 11—肋条 12—隔板

2. 发电机

（1）发电机的作用

交流发电机是汽车的主要电源，它与发电机调节器互相配合工作。其主要作用是对除起动机以外的所有用电设备供电，并向蓄电池充电。

（2）发电机的结构（图 5—1—4）

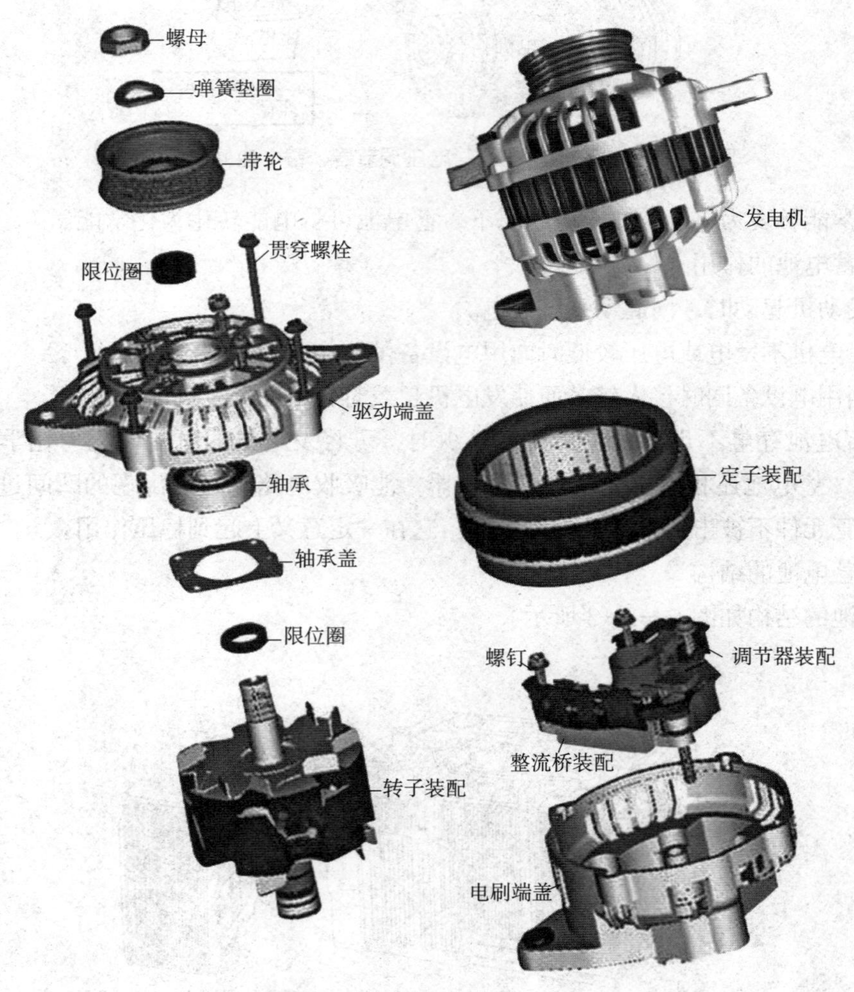

图 5—1—4　发电机的结构

（3）发电机各接线端子的含义（表 5—1—1）

表 5—1—1　　发电机各接线端子的含义

接线端子代号	含义	接线端子代号	含义
E	搭铁端	L	充电指示灯
B+ 或 B	蓄电池正极端	P/W	相端
D+	磁场二极管端	IG	点火端
S	传感器端	F	励磁端
Fr	反馈端	N	中性点端

3. 起动机

（1）起动机的作用

起动机的作用是由直流电动机产生动力，经传动机构带动发动机曲轴转动，从而实现发动机的起动。起动系统包括蓄电池、点火开关（起动开关）、起动机总成、起动继电器等，如图 5—1—5 所示。

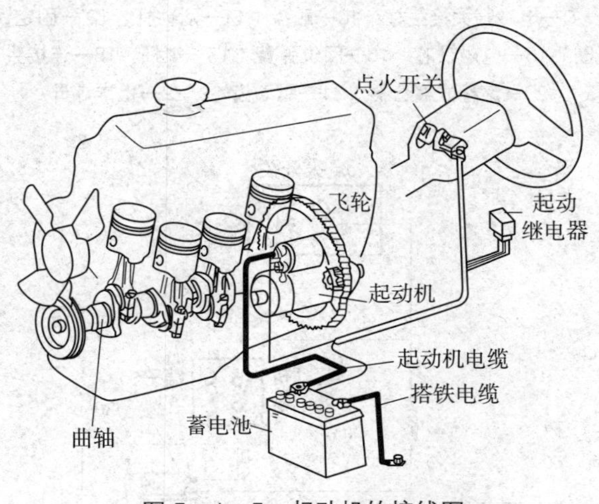

图 5—1—5　起动机的接线图

（2）起动机的结构组成（图 5—1—6）

（3）工作原理（图 5—1—7）

起动发动机时，将点火开关钥匙旋至起动挡位；起动继电器通电后，触点闭合，接通电磁开关线圈电路，起动机投入工作。发动机起动后，松开点火开关钥匙，点火开关自动转回到点火工作挡位，起动继电器线圈断电，触点打开，电磁开关也随即断开，起动机停止工作。

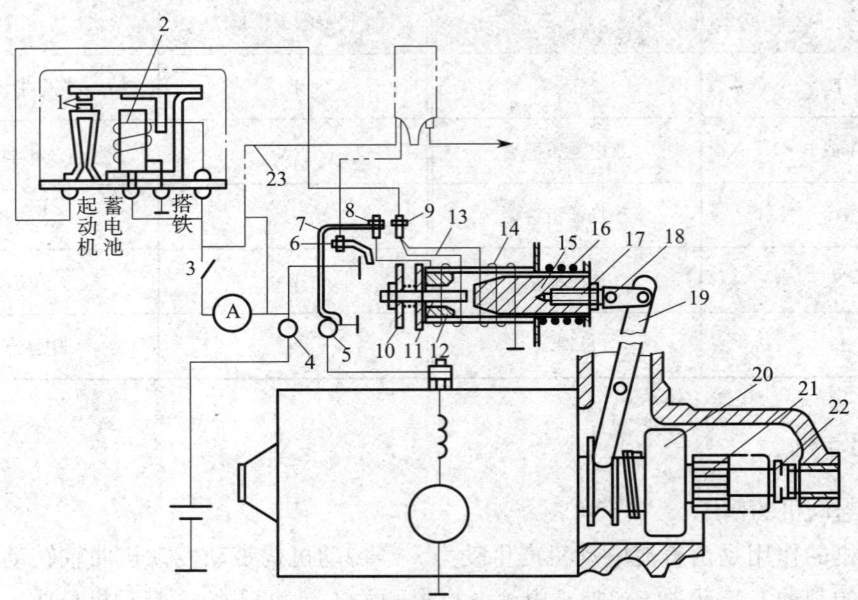

图 5—1—6　起动机的结构组成

1—起动继电器触点　2—起动继电器线圈　3—点火开关　4、5—接线柱　6—辅助接线柱　7—导电片　8—吸引线圈接线柱　9—电磁开关接线柱　10—触盘　11—活动杆　12—固定铁芯　13—吸引线圈　14—保持线圈　15—电磁铁芯　16—回位弹簧　17—螺杆　18—连接头　19—拨叉　20—滚柱式离合器　21—驱动齿轮　22—止推螺母

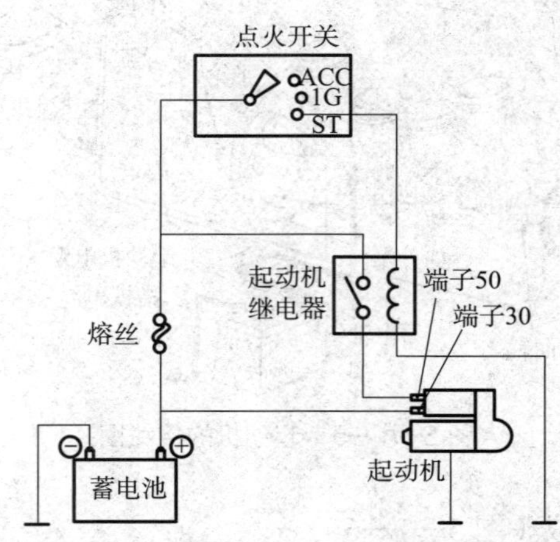

图 5—1—7　起动机的工作原理

4. 仪表

在装载机工作过程中，操作者依靠仪表的指示来随时掌握整机各部分的工作状态。

例如，电流表或电压表监测电气系统；转速表检测发动机的转速；油压表检测机油压力；水温表检测发动机的水温，油温表检测发动机机油的温度；油位表检测燃油的油位；速度里程表检测装载机的行驶速度；频率表检测振动频率等。

ZL50G 型装载机的操纵系统和仪表如图 5—1—8 所示。仪表功能和操作控制说明见表 5—1—2。

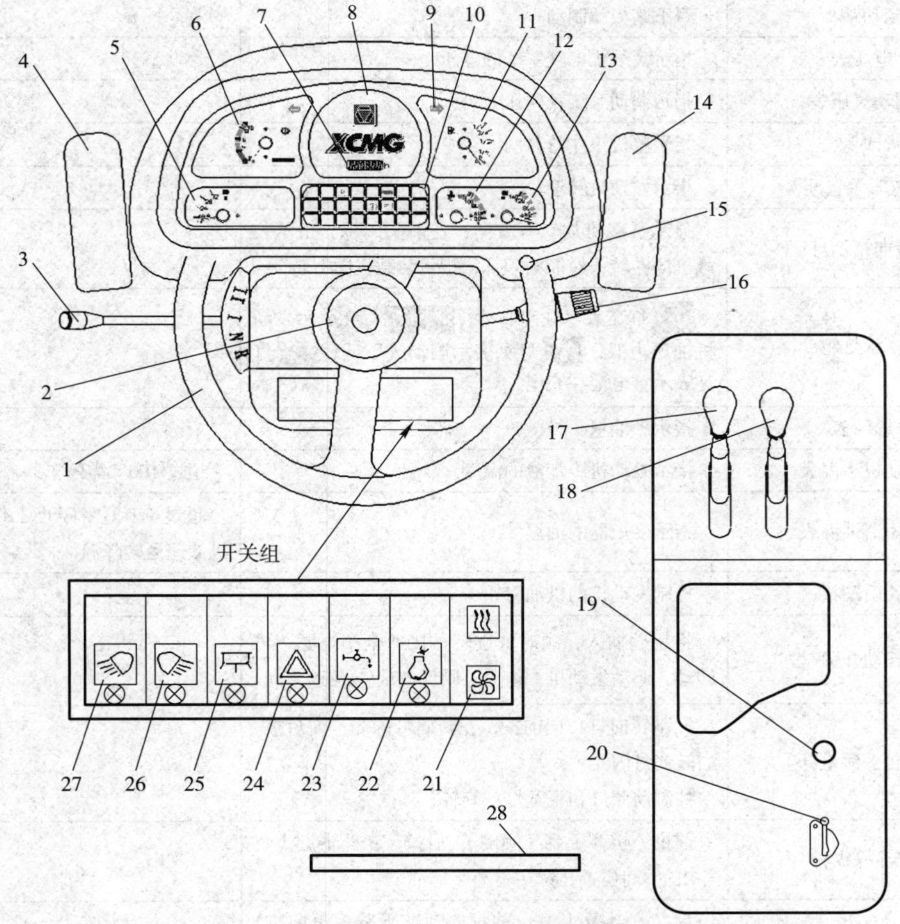

图 5—1—8　操纵系统和仪表

1—方向盘　2—喇叭按钮　3—变速操纵手柄　4—制动踏板　5—电压表　6—制动气压表　7—计时表　8—转速表（选配）　9—转向指示灯　10—指示灯组　11—燃油表　12—发动机水温表　13—变矩器油温表　14—油门踏板　15—起动开关　16—转向手柄组合　17—铲斗操纵手柄　18—动臂操纵手柄　19—驻车制动按钮　20—动力切断选择开关　21—风扇、暖风开关　22—乙醚冷起动开关（选配）　23—制动淋水开关（选配）　24—应急灯开关　25—室内灯开关　26—后大灯开关　27—驾驶室前照灯开关　28—空调（选配）

表 5—1—2　　仪表功能和操作控制说明

名称	动作与功能	说明
方向盘	控制装载机的行驶方向	
喇叭按钮	按下鸣笛	
变速操纵手柄	前推为前进一、二挡，后拉为倒挡，中间位置为空挡	配电控箱时，前推为前进，后推为后退，旋转手柄为各挡位
制动踏板	踩下踏板就制动	
电压表	指示装载机电气系统的电压	
制动气压表	指示制动系统气路压力	
计时表	指示整机工作总时间	
转速表（选配）	指示发动机转速	
转向指示灯	显示装载机的转弯方向：左箭头闪烁，指示装载机向左转；右箭头闪烁，指示装载机向右转	
指示灯组	(P)灯亮表示驻车制动；[机油壶图标]灯亮表示发动机油压力低；(!)灯亮表示制动气压低；[- +]灯亮表示蓄电池在充电	
燃油表	指示燃油量	
发动机水温表	指示发动机冷却液的温度	超过 100℃需停车
变矩器油温表	指示变矩器的油温	超过 110℃需停止工作，发动机低速运转降温
油门踏板	控制发动机的供油量	
起动开关	将钥匙插入，顺时针旋转，接通全车电源；再转动，起动发动机。熄火，则反向旋转钥匙	
转向手柄组合	控制转向灯：向前拨，左转向灯闪光；向后拨，右转向灯闪光 控制前照灯和视宽灯：旋转	
铲斗操纵杆	前推，铲斗上翻（倾倒）；后拉，铲斗下翻（收斗）；中间位置，铲斗不动	
动臂操纵杆	后拉，动臂上升；前推，动臂下降；再前推，动臂浮动；中间位置，动臂不动	
驻车制动按钮	拔起手柄，即制动；按下手柄，即松开制动	当气压小于 0.45 MPa 时，手柄处于拔起状态
动力切断选择开关	控制行车制动切断动力的转换	
风扇、暖风开关	控制风扇、暖风机启停的开关	
乙醚冷起动按钮（选配）	喷射乙醚起动液	温度低于 0℃时使用
制动淋水开关（选配）	对驱动桥制动盘进行淋水散热	

续表

名称	动作与功能	说明
应急灯开关	装载机紧急停车时控制四个转向灯亮	
室内灯开关	控制驾驶室内灯开闭的开关	
后大灯开关	控制后大灯开闭的开关	
驾驶室前照灯开关	工作时控制驾驶室上前照灯开闭的开关	

5. 传感器

（1）温度传感器

温度传感器采用热敏电阻作为检测元件。它把温度的变化以电阻值变化的方式检测出来。当水温较低的时候，电阻值较大；随着温度的升高，电阻值逐渐降低。

（2）压力传感器

压力传感器用于检测气体压力及液体压力。压力传感器有多种类型。常用的压力传感器为膜片式传感器。膜片式压力传感器是利用膜片上应力片电阻改变的效应原理而制成的半导体传感器。膜片与应变片制成一个整体，当压力加到其上时，膜片发生变形，相应引起应变片的阻值发生变化，再通过桥式电路测出与压力成正比的电信号并传输出去。

（3）液位传感器

液位传感器的种类很多。常用的液位传感器是可变电阻式液位传感器。可变电阻式液位传感器由浮子、内装滑动电阻的本体以及连接两者的浮子臂构成。浮子可随液位上下浮动，滑动臂随浮子的上下浮动而在电阻上滑动，从而改变搭铁与浮子之间的电阻值，利用阻值的变化来控制回路中电流的大小，并在仪表上显示出来。

6. 电源总开关

（1）机械式电源总开关（图 5—1—9）

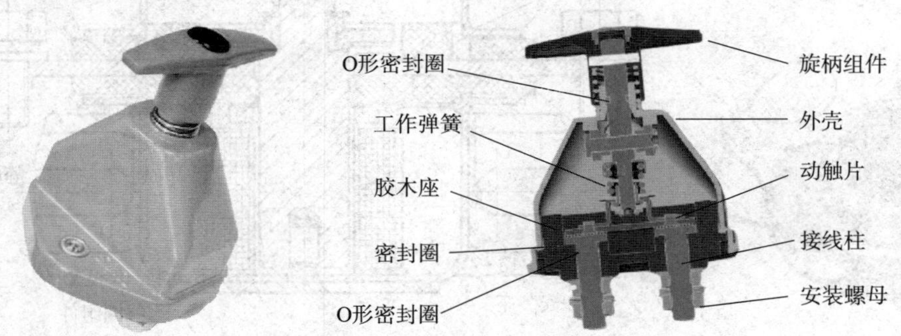

图 5—1—9　机械式电源总开关的实物图与结构剖视图

工作状态导通（触点闭合）：手动控制旋柄顺时针旋转 90° 到“ON”挡，触点闭合，电流导通，如图 5—1—10a 所示。正常状态断开（触点脱开）：手动控制旋柄逆时针旋转 90° 到“OFF”挡，旋柄回到原始位置，触点断开，切断电路，如图 5—1—10b 所示。

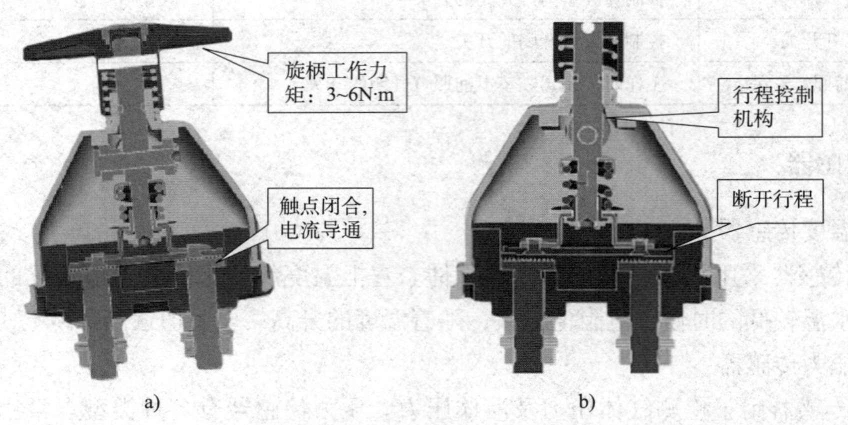

图 5—1—10　机械式电磁总开关的工作原理图
a）工作状态导通（触点闭合） b）正常状态断开（触点脱开）

（2）电磁式电源总开关（图 5—1—11）

导通（触点闭合）：当线圈组件两端加以额定电压，形成磁场，产生吸合力，铁芯朝下运动，动、静触点闭合，电流导通，如图 5—1—12a 所示。

正常状态断开（触点脱开）：关闭开关，线圈组件两端电压消失，磁场关闭没有吸合力，铁芯被回位弹簧顶回，动、静触点脱开，切断电路，如图 5—1—12b 所示。

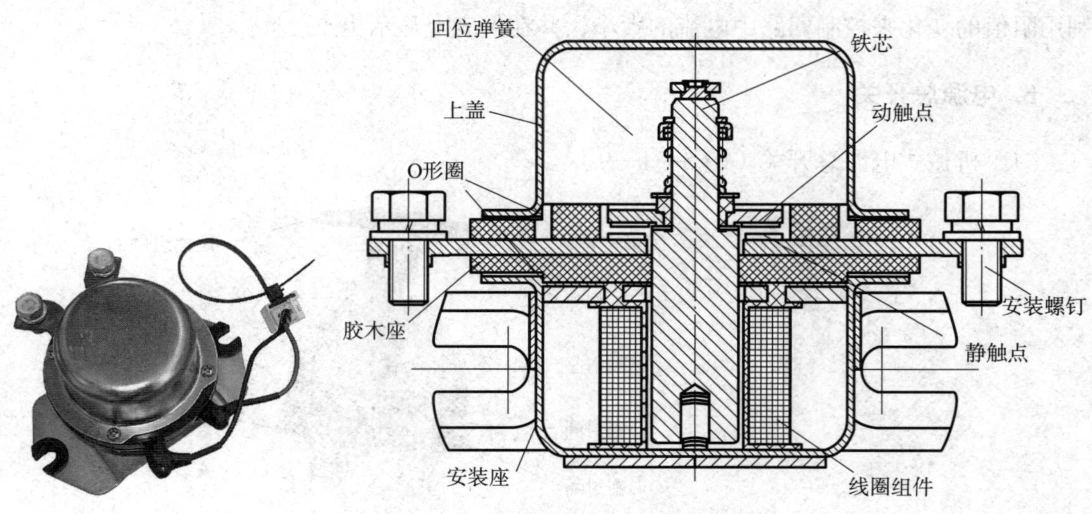

图 5—1—11　电磁式电源总开关的结构图

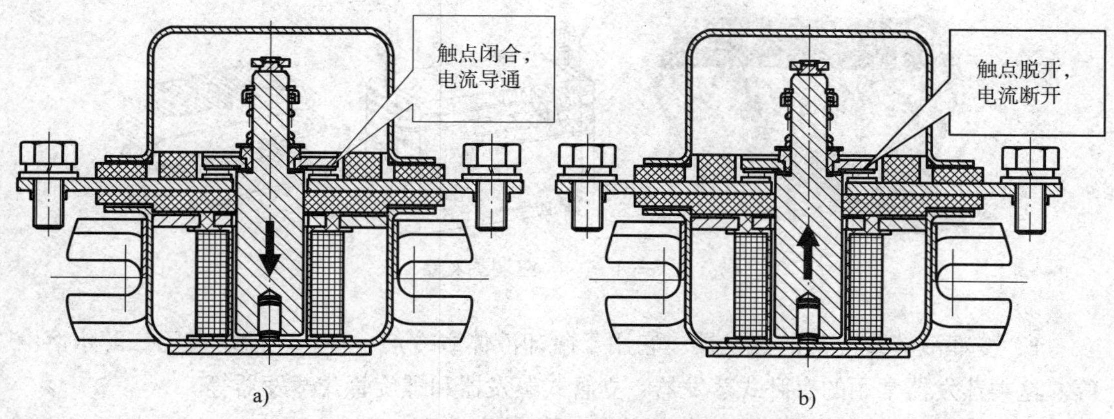

图 5—1—12　电磁式电源总开关的工作原理图
a）导通（触点闭合） b）断开（触点脱开）

7. 空调系统

装载机配置的空调一般为冷暖两用型。空调系统主要由压缩机、驱动带、冷凝器、冷凝风机、储液干燥器、蒸发器（含控制面板、热交换器、送风风机、膨胀阀）、管路及电气控制面板等组成。供暖系统主要由热交换器、热水管路、控制阀、送风风机等组成。

（1）空调压缩机

空调压缩机是将低压气体提升为高压的一种从动的流体机械，是制冷系统的心脏。它从吸气管吸入低温、低压的制冷剂气体，通过电动机运转带动活塞对其进行压缩后，向排气管排出高温、高压的制冷剂气体，为制冷循环提供动力，从而实现压缩→冷凝→膨胀→蒸发（吸热）的制冷循环，如图 5—1—13 所示。

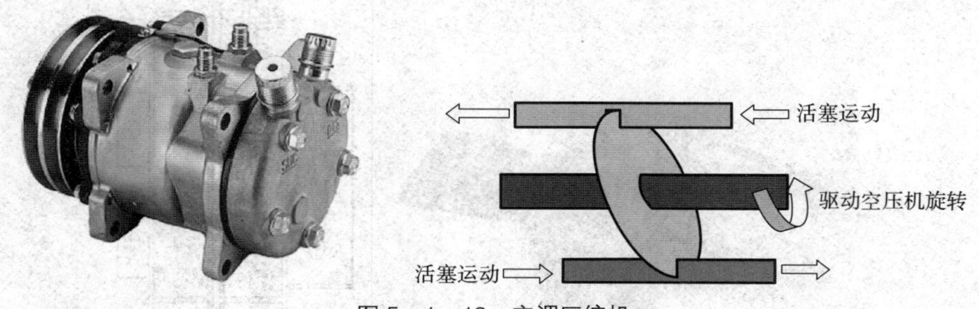

图 5—1—13　空调压缩机

（2）空调蒸发器

空调蒸发器（图 5—1—14）利用液态低温制冷剂在低压下蒸发变为蒸气，再吸收被冷却介质的热量，从而达到制冷目的。根据被冷却介质的种类不同，蒸发器可分为两大类：

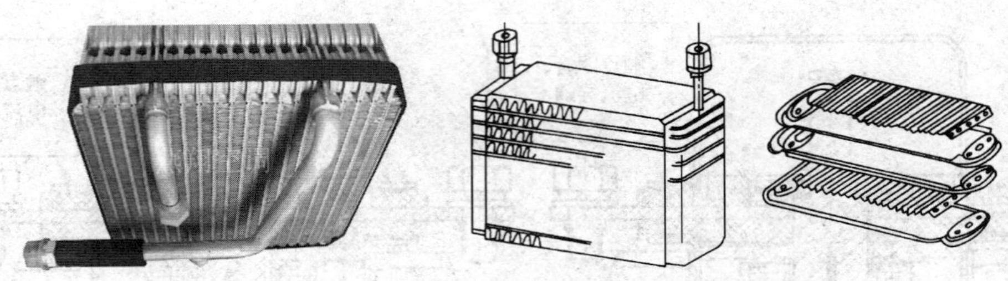

图 5—1—14 空调蒸发器

1）冷却液体载冷剂的蒸发器。它用于冷却液体载冷剂——水、盐水或乙二醇水溶液等。这类蒸发器常用的有卧式蒸发器、立管式蒸发器和螺旋管式蒸发器等。

2）冷却空气的蒸发器。这类蒸发器有冷却排管和冷风机。

（3）冷凝器

冷凝器（图 5—1—15）能将管子中的热量很快地传递到管子附近的空气。大部分装载机的冷凝器安置于水箱前方。

图 5—1—15 冷凝器

（4）储液干燥器

制冷原理中，制冷剂通过物理形态的转化，达到吸热和放热的效果。当制冷剂添加入空调器密封系统中时，不可避免地会混入空气中的水分和管路中的杂质。水分在物理形态转化过程中会结成固态的冰，堵塞空调系统密闭的管路，影响制冷剂的流动，最终导致制冷失效，严重时会使管路爆裂。储液干燥器（图 5—1—16）的作用就是吸走密封空调管路中的水分，同时过滤掉管路中的微小杂质。

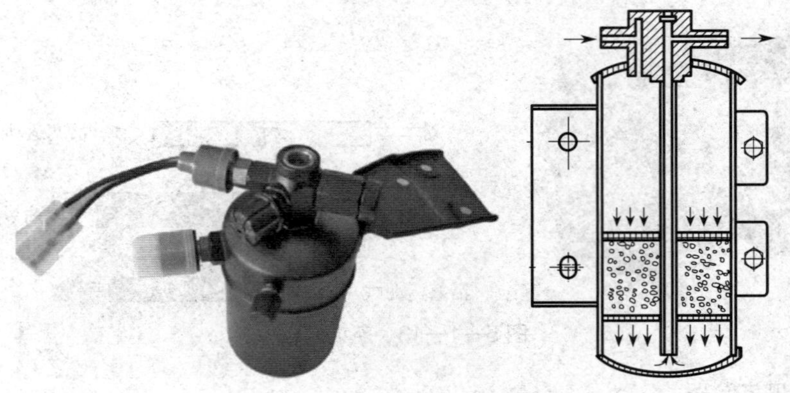

图 5—1—16 储液干燥器

（5）膨胀阀

膨胀阀是制冷系统中的一个重要部件，如图 5—1—17 所示。它一般安装于储液筒和

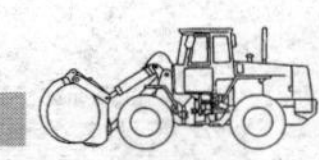

蒸发器之间。膨胀阀使通过其节流口的中温、高压的液体制冷剂成为低温、低压的湿蒸气。然后，制冷剂在蒸发器中吸收热量达到制冷效果。膨胀阀通过蒸发器末端的过热度变化来控制阀门流量，防止出现蒸发器面积利用不足和“敲缸”现象。

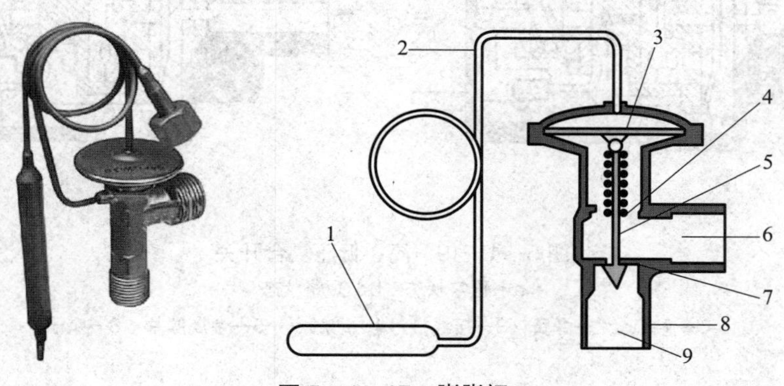

图 5—1—17　膨胀阀

1—感温包　2—毛细管　3—薄膜　4—弹簧　5—针阀　6—出口
7—节流口　8—阀体　9—进口

（6）制冷剂

制冷剂是空调系统中的热载体。它可根据空调系统的要求变化状态，实现制冷循环。车用空调的制冷剂有 Rl2（CCI2F2，二氯二氟甲烷）和 R134a（CH2F—CF3，四氟乙烷）。制冷剂 R134a 如图 5—1—18 所示。

图 5—1—18　制冷剂 (R134a)

（7）空调制冷系统的控制元件

空调制冷系统的控制元件有温度控制组件、压力控制组件、电磁离合器等。

1）温度控制组件。温度控制组件（又称为恒温器、温度开关）是指通过感受蒸发器表面温度而控制空调制冷系统中压缩机的启停，以及调节车内温度和防止蒸发器结霜的电气开关装置。恒温器用于空调制冷系统中控制电磁离合器的通断。它一般被安置在蒸发器内或靠近蒸发器的冷气控制板上。

2）压力控制组件。压力控制组件（又称为压力开关）是通断型组件，由压力引入装置、动力器件和触点等组成。空调制冷系统中使用的是高、低压复合开关，安装在储液干燥器上，起保护作用。它由金属膜片、弹簧及触点等组成，如图 5—1—19 所示。

3）电磁离合器。电磁离合器是执行部件，受到温度开关、压力开关、电源开关等元件的控制。电磁离合器为定圈式，电磁线圈固定在压缩机壳体上不转动。电磁离合器由 3 个组件组成：带轮组件、衔铁组件、线圈组件，如图 5—1—20 所示。

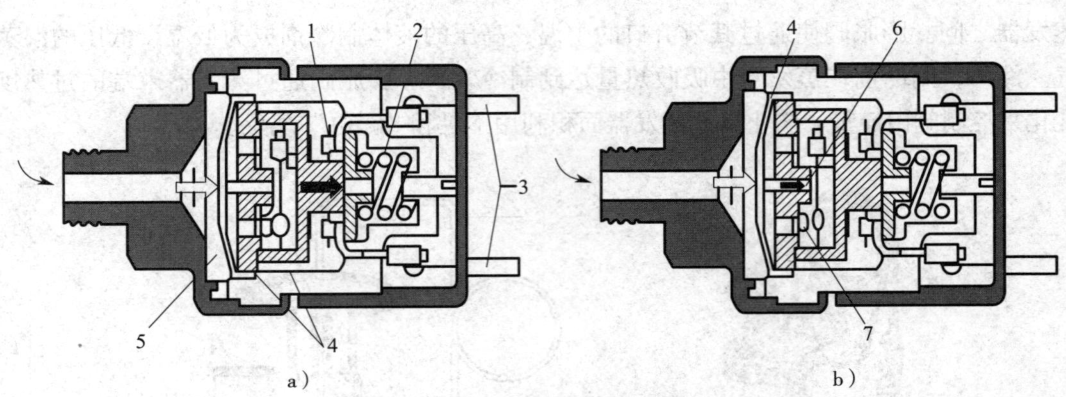

图 5—1—19　高、低压复合开关

a）正常状态　b）短路状态

1、7—触点　2—弹簧　3—接线柱　4—动触点　5—金属膜片　6—销子

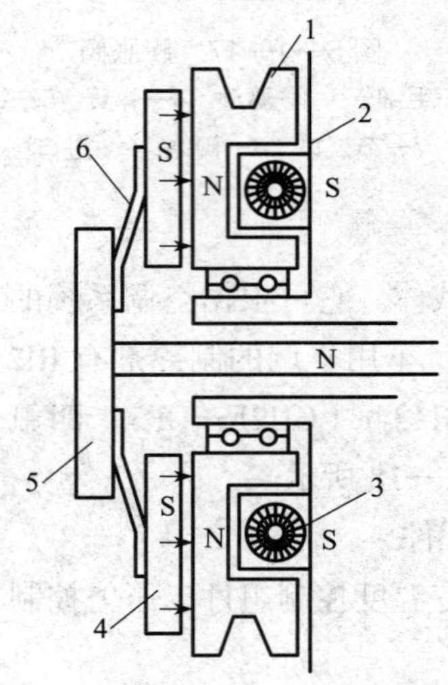

图 5—1—20　电磁离合器

1—带轮　2—压缩机壳体　3—线圈　4—摩擦板　5—驱动盘　6—弹簧爪

（8）工作原理

1）制冷工作原理如图 5—1—21 所示。

①压缩过程。将流经蒸发器的低温、低压的气态制冷剂压缩为高温、高压的气态制冷剂，输送到冷凝器。

②冷凝过程。将高温、高压的气态制冷剂冷却，使其变为中温、高压的液态制冷剂，送入储液干燥器。

③干燥过程。将中温、高压的液态制冷剂过滤，除去制冷剂中的杂质和水分，送入节流阀，并储存小部分的制冷剂。

④膨胀过程。将过滤后的中温、高压液态制冷剂利用节流原理，使其转变为低压、

雾状的液态、气态混合物，送入蒸发器。

⑤蒸发过程。低压、雾状的液态、气态混合物流至蒸发器，吸收周围的热量而汽化，达到制冷的目的。

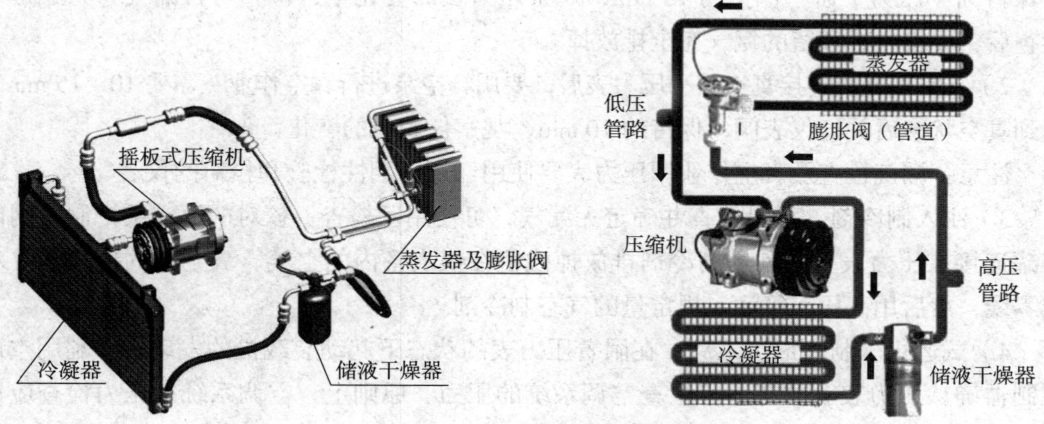

图 5—1—21 制冷工作原理

2）制热工作原理如图 5—1—22 所示。

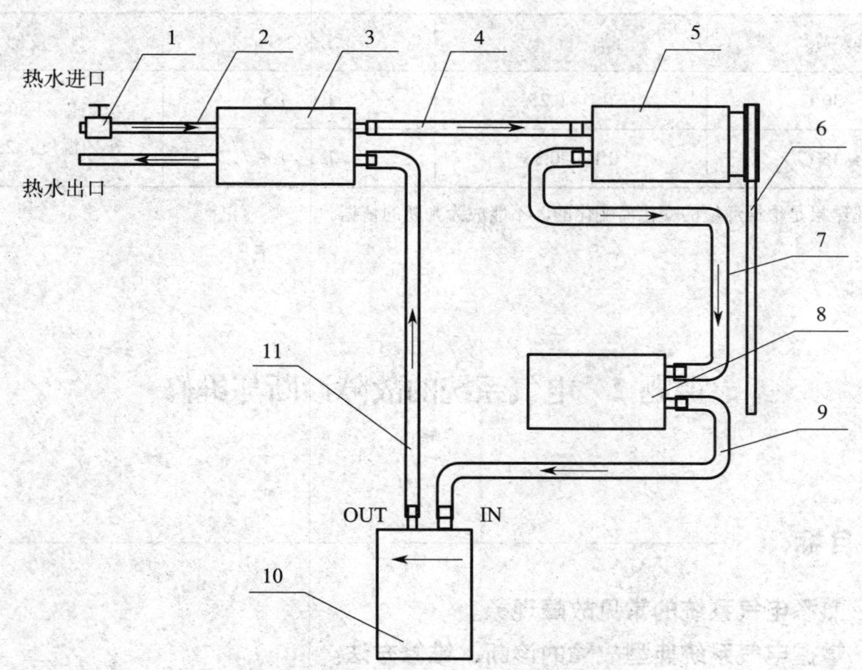

图 5—1—22 制热工作原理

1—控制阀 2—暖水管 3—蒸发器总成（含控制面板、热交换器、送风风机、膨胀阀）
4—蒸发器至压缩机胶管 5—压缩机 6—传动带 7—压缩机至冷凝器胶管 8—冷凝器总成（含冷凝风机）
9—冷凝器至储液罐胶管 10—储液罐 11—储液罐至蒸发器胶管

（9）制冷剂的注入和空调系统的试运行

1）密封检查。完成胶管连接作业后，先要用油性笔标记连接部位连接胶管及线束，然后必须进行密封检查，确认是否漏气。密封检查时，将氮气注入 2 MPa（需要高、低压力保持同一压力）后，保持约 15 min，观察压力表的变化量，检查是否漏气。完成密封检查后，要将内部残留的氮气完全排放掉。

2）真空作业。连接真空泵和压力表后，要用真空泵进行真空作业（需要 10 ~ 15 min）；达到真空状态后关掉仪表阀，保持约 10 min，观察仪表值的变化。

注意：漏气检查及真空作业用压力表要使用经过周期性检验和校对的仪表。

3）注入制冷剂。如果检查并确定无漏气，可使用已检查、校对的真空泵把制冷剂储存罐连接在压力表上，利用制冷剂排放掉残留在仪表管内的空气。真空泵的指示针要对准零线，然后用高压表管注入规定量的气态制冷剂。

4）试运行。制冷剂注入后，在附着压力表的状态下起动装载机的发动机，利用空调控制器确认压力表上的压力，检查空调系统的压力。原则上，空调系统的压力检查应在温度超过 25℃的环境中进行，具体压力范围见表 5—1—3。

表 5—1—3　　空调系统参数

环境温度	低压（MPa）	高压（MPa）	条件
25 ~ 30℃	0.1 ~ 0.25	1.1 ~ 1.5	转速：1 800 r/min 车内温度：25～28℃
30 ~ 35℃	0.18 ~ 0.35	1.3 ~ 1.8	

注：上述结果是根据环境的变化而变化的，不能成为判断的依据。

课题 2　电气系统的故障诊断与维修

学习目标

1. 熟悉电气系统的常见故障现象。
2. 掌握电气系统典型故障的诊断、维修方法。

一、蓄电池的故障诊断与维修

1. 电荷量降低

（1）故障现象

电荷量降低是指蓄电池在充足电后，其所能供给的电量比正常供电量明显有所减小。

蓄电池的电荷量是指充足电的蓄电池在电解液平均温度为 30℃时，以一定的电流强度连续放电 10 h，单格电池电压降到 1.7 V 时所能供给的电量。通常用放电电流值（安培）与放电时间（小时）的乘积来表示蓄电池的电荷量。

（2）故障原因

1）因为新蓄电池未经循环充电、放电，或充电未达到规定的电荷量。

2）在发动机转速较低的情况下，长期使用照明灯等电气设备，将蓄电池存电很快用完。

3）发电机控流器的二极管被击穿或产生了其他故障；直流发电机调节器的电压调得太低，使蓄电池不能正常充电，导致蓄电池亏电，电荷量降低。

4）配制的电解液密度低于规定值；电解液渗漏后只加纯水，使电解液密度下降。

5）配制的电解液密度过高；经常用电解液代替纯水加入蓄电池中，以及蓄电池内液面经常过低，导致极板严重硫化。

（3）故障排除

要判断蓄电池电荷量是否下降，可用高频放电计进行检查。如果每个单格电池的电压均为 1.7 V 以上，且能稳定地保持 5 s，说明蓄电池技术状况良好。如果所测电压值低于 1.5 V，但能稳定地保持 5 s，说明蓄电池电荷量不足，可检查发电机调节器电压是否过低；否则，说明蓄电池极板损坏。如果所测电压在 5 s 内迅速降至 1.5 V 以下，说明蓄电池内部短路，极板硫化或活性物质严重脱落，应拆开检修。

2. 蓄电池自放电

（1）故障现象

已充足电或使用良好的蓄电池静置 12 h 后，无法正常起动发动机。

（2）故障原因

1）蓄电池隔板被击穿或损坏；电解液中混入金属粉屑等杂质。

2）蓄电池槽底沉积过多异物，造成蓄电池内部短路。

3）蓄电池外壳过脏或在颠簸中溢出的电解液过多，在盖上和接线桩间造成短路。

（3）故障排除

应首先检查蓄电池外表是否清洁，电解液是否溢出过多而形成导电层。然后，检查接线桩与导线是否接触不良，是否有搭铁不良等现象。诊断方法是：断开电源开关，拆下蓄电池负极接线，将其在极桩上划擦，如果此时有火花产生，说明蓄电池内部有短路，应拆开后进行检修。

3. 蓄电池充不进电

（1）故障现象

蓄电池充不进电是指在发电机正常工作的情况下，虽然蓄电池长时间充电，但是电压却没有变化或电压上升缓慢。

（2）故障原因

1）充电线路的接线头松动、锈蚀等原因造成接触不良，使电阻增大，电流强度减小。

2）整流器产生故障或二极管短路。

3）蓄电池极板硫化，使其表面附有一层导电性能差的白色硫酸铅晶粒。这种晶粒粗大，易将极板栅孔堵塞，使电解液难以渗入极板参与化学反应或使极板参与化学反应的面积减小。

4）采取大电流给蓄电池充电或大电流使蓄电池放电，或电解液密度过大及液面高度不够等原因，会造成蓄电池极板损坏。

（3）故障排除

首先，检查各接线头有无松动或锈蚀，电解液液面是否过低，整流器是否产生故障；然后，根据充电时的一些现象来判断极板是否硫化。如果充电时电解液的温度升高很快，或充电时间不长而电解液产生大量气泡，但是电压却没随之升高，说明极板已硫化。蓄电池极板如果轻度硫化，一般不易被察觉；如果极板严重硫化，可从加液口看到极板上附有一层白色物质，充电时各单格电池的电压迅速升至 2.8 V 以上，然后电压又下降，再缓缓上升；在充电终了时，电压不超过 2.8 V。在充电过程中，电解液的温度较高，而其密度上升却不明显。充电结束后，用 20 h 放电率计检查电荷量时，比正常蓄电池的电荷量要少许多。

4. 蓄电池电解液损耗过快

（1）故障现象

蓄电池在加入电解液不久就出现液面不足。

（2）故障原因

1）充、放电电流过大，使电解液过度蒸发或溢出。

2）隔板损坏，造成极板短路。

3）蓄电池壳体破裂，造成电解液渗漏等。

（3）故障排除

首先应检查蓄电池外壳有无破裂，是否因渗漏导致电解液过度损耗。其次，结合蓄电池的使用情况查找原因。例如，长时间在不充电情况下过度使用照明灯，会造成蓄电池放电过量；若长时间大电流充电，电解液中的水分蒸发过快，也会造成电解液损耗过量。

经上述检查，均未发现异常，则应分解蓄电池。检查隔板是否被击穿，极板上活性物质是否脱落过多，使正、负极板形成通路。如果出现这种情况，说明电解液损耗过快是由于蓄电池内部短路所引起，应对蓄电池进行修理。

二、交流发电机的故障诊断与维修

一般充电系统的常见故障有不充电及充电电流过小、过大、不稳定等。可通过电流表（或充电指示灯的指示情况）大体上来判断充电系统是否处于正常工作状态。

1. 不充电

交流发电机不充电的故障分析

（1）故障现象

交流发电机中速运转时，电流表指示放电或充电指示灯发亮。

（2）故障原因

1）充电系统中的连接导线短路。

2）传动带因磨损过度而松弛、打滑。

3）调节器故障：低速触点氧化，无法正常闭合；高速触点相碰；搭铁不良；弹簧弹力减弱，使调节电压值低于蓄电池的电动势等。

4）发电机内部故障：如定子三相绕组之间短路或搭铁；电刷在电刷架内卡住，使其与滑环不能接触等，造成发电机不发电。

（3）故障排除

出现该故障时，可按以下步骤检查：

1）检查充电系统中的导线连接是否可靠。

2）检查传动带是否松弛。判断方法：可用拇指下压传动带的中点，挠度为 10 mm 左右为合适。如果传动带松弛，可张紧传动带或更换新带。

3）检查充电电路、励磁电路是否断路。可使用万用表或测试灯进行检测，采用“先整体，后局部”的方法查找出断路位置，然后排除。

4）确定故障在发电机还是调节器。可用一条导线将调节器上的“+”“F”2 个接线柱连接起来，然后起动发电机，使其运转，观察仪表盘上电流表指针。如果指针顺时针偏转，指向“+”极区，则为发电机向蓄电池充电，说明发电机正常工作，故障在调节器。如果仪表盘上电流表指针反向偏转，指向“–”极区，则为蓄电池向负载放电量大于发电机的充电量，显示放电，说明发电机不发电。因为电流表接线柱承受的电流较大，电流表接线柱容易损坏，所以可改为使用充电指示灯来观察蓄电池充放电状态。放电状态时充电指示灯发亮，充电状态时指示灯熄灭。

2. 充电电流过小

（1）故障现象

交流发电机中速运转时，电流表指示充电电流过小；当接通前照灯或功率较大的用电设备时，电流表显示充电电流进一步减小或放电。

（2）故障原因

1）传动带松弛、打滑。

2）充电线路导线连接不良。

3）交流发电机内部有故障。

4）调节器有故障。

（3）故障排除

1）用指压方法检查传动带挠度。如果传动带松弛，可张紧传动带或更换新带。

2）可使用万用表或测试灯检查充电导线线路，采用“先整体，后局部”的方法查找出断路位置，然后排除。

3）交流发电机内部故障：定子绕组有一相连接不良或断路；电刷磨损过大或弹簧弹力减弱，使电刷与滑环接触不良。

4）调节器故障：低速触点氧化接触不良；弹簧弹力减弱，使调节电压过低。

3. 充电电流过大

（1）故障现象

交流发电机中速运转时，电流表指示大电流充电（30 A 以上），蓄电池电解液消耗过快，发电机容易过热，灯泡易烧坏等。

（2）故障原因

充电电流过大的主要故障点在调节器。

1）电磁振动式调节器的低速触点烧结；调节器搭铁不良；磁化线圈断路；弹簧弹力过大，使调节电压值过高等。

2）蓄电池亏电过多或其内部短路，也会造成充电电流过大。

（3）故障排除

应首先判断蓄电池是否内部断路，然后脱开调节器，短接交流发电机“+”线柱与“F”接线柱，让交流发电机单独发电，对蓄电池充电。

如果充电电流不变，说明调节器有故障，应检修调节器。如果充电电流加大，说明

调节器仍有控制能力，适当减小弹簧的弹力即可。

4. 充电电流不稳定

（1）故障现象

交流发电机正常运转时，电流表指示充电，但是指针总是摇摆不定。

（2）故障原因

1）传动带过于松弛，产生跳动。

2）充电电路、励磁电路（包括发电机和调节器内部）接线松动。

3）发电机有故障：内部有一相定子绕组断路或个别二极管断路；电刷过度磨损；电刷弹簧力减弱或折断；滑环积污过多等。

4）调节器搭铁不稳定；调节触点有烧蚀、油污现象；晶体管调节器的个别元件松动等。

（3）故障排除

1）检查发电机传动带的松紧程度是否符合要求。如果传动带的松紧程度不符合要求，应调整。

2）检查发电机与蓄电池的各接线柱之间的导线连接是否可靠。如果连接松动，应重新紧固连接。

3）拆解发电机，检查其内部转子、定子绕组线圈是否接触不良，检查整流二极管是否断路。如果接触不良，应该重新紧固或连接。如果线圈、二极管接触均良好，检查电刷接触状况及电刷弹簧拉力，是否存在元件断裂、失效现象。如果断裂、失效，应更换元件。

4）用测试灯检查发电机发电情况。如果测试灯亮度正常，没有明暗变化，说明发电机发电良好、稳定。这时，应检查发电机调节器各触点是否烧蚀或有污物。如果触点有问题，应该清洁或更换。

三、起动机的故障诊断与维修

1. 起动机不运转

（1）故障现象

打开点火开关，发现起动机不运转。

（2）故障原因

1）导线连接处松脱、接触不良。

2）蓄电池储存电量太少。

3）电磁开关吸引线圈和保持线圈搭铁、短路或断路；磁场绕组或电枢绕组断路、搭铁。

4）电刷磨损或在电刷架内卡住；弹簧折断；绝缘电刷搭铁。

5）起动继电器的接触点氧化，烧蚀，不能闭合。

（3）故障排除

1）首先检查导线连接是否牢靠；根据灯光强弱或喇叭音量大小，初步判断蓄电池是否放电过多。若放电过多，补充充电即可。

2）用导线短接起动机的 2 个接线柱。如果起动机仍不转动，则可确定故障在起动机内部，应进一步判断。如果起动机正常转动，说明故障部位可能在电磁开关、起动继电器。

3）检查起动机电磁开关。用导线短接起动机火线接线柱与电磁开关接线柱。如果起动机不转动，说明电磁开关有故障，应拆开检修。如果起动机转动，应检查起动继电器。

4）检查起动继电器时，用导线短接其 2 个接线柱。如果起动机转动，则说明起动继电器有故障，如常开触点处氧化而导致接触不良，可用砂纸打磨或更换触点。

还有可能是起动继电器与电磁开关接线柱之间的连接导线搭铁、断路或连接处有松动；起动开关失灵。应做进一步的检查。

2. 起动机运转无力

（1）故障现象

起动机只能带动发动机低速转动，甚至发动机稍转即停。

（2）故障原因

1）蓄电池储电量太少。

2）导线连接处接触不良；起动继电器触点氧化接触不良。

3）起动机内有故障：换向器油污或烧蚀；电刷磨损过大，弹簧弹力不足；磁场绕组或电枢绕组局部短路；电磁开关主触点或接触盘烧蚀；轴承磨损严重，使电枢与磁极发生摩擦等。

（3）故障排除

1）首先检查蓄电池储电量。如果储电量太少，补充充电即可。

2）检查导线连接情况及接触触点。

3）用导线短接电磁开关的 2 个接线柱。如果起动机运转正常，说明故障在电磁开关，应检修电磁开关；否则，说明起动机有故障，应检修起动机。

3. 起动机空转

（1）故障现象

起动后，起动机或者高速空转，或者以很低的转速转动，但是发动机曲轴不转动。

（2）故障原因

1）单向离合器打滑。

2）拨叉连接处脱开。

（3）故障排除

1）检查拨叉是否脱开，如果脱开，重新装复即可。

2）摇动发动机曲轴转过 40° 左右，观察起动机是否正常转动。如果起动机不转动，有可能是飞轮齿圈缺齿造成的，更换齿圈即可；还可能是离合器打滑，要根据单向离合器的结构采取相应的排除方法。检查是否有损坏或磨损严重的部件，应及时更换。

四、仪表系统的故障诊断与维修

1. 发动机水温高

（1）故障现象

装载机工作过程中，发动机冷却液温度高，水温表表针指到红色区域。

（2）故障原因

1）发动机水温传感器或水温表损坏。

2）水箱（散热器）冷却液液面过低。

3）水箱（散热器）表面积垢太多，影响散热。

4）水泵传动带太松，造成冷却液循环不够。

5）水泵叶轮损坏或叶轮与壳体的间隙过大。

6）节温器失灵，在规定温度下打不开。

7）风扇传动带太松，或风扇距离水箱（散热器）太远，影响散热。

8）冷却系统管路不畅通，有堵塞现象。管路在使用一段时间后内壁起皮，或安装管线时折弯角度，造成冷却液循环不畅。

9）发动机长时间超负荷工作。

（3）故障排除

1）检查并更换发动机水温传感器或水温表。

2）检查散热器是否有泄漏。如果有泄漏，应及时补充冷却液。

3）清除水箱（散热器）表面积垢，清洗表面。

4）按规定调整水泵传动带的张紧力。

5）检查更换水泵。

6）检查更换节温器。

7）按规定调整风扇传动带张紧力，或调整风扇与散热器的距离。

8）重新安装或更换水管。

9）停机或怠速冷却。

2. 机油压力表读数波动

（1）故障现象

机油压力下降，调压阀无法通过调整使压力正常，压力表读数波动。

（2）故障原因

1）油底壳中机油量不足，机油泵进空气。

2）机油管路漏油。

3）曲轴推力轴承、曲轴输出法兰端油封、凸轮轴轴承和连杆轴瓦处泄油严重。

4）机油冷却器或机油滤清器阻塞，冷却器油管破裂等。

5）机油密封垫处泄油。

（3）故障排除

1）使用机油尺检查油箱中机油量。如果机油量不足，加注机油至规定高度。

2）检修机油压力传感器的拧紧力矩。

3）检修机油泵，如果齿轮磨损值超过规定范围，应更换。

4）及时清理、焊补或更换机油冷却器芯。如果离心式机油精滤器中有铝屑，说明连杆轴瓦金属剥落，应及时拆检连杆轴瓦，一旦其损坏应及时更换。及时检查和更换密封垫片。

3. 气压表显示为零

（1）故障现象

气压表指针显示为零，发动机运转一段时间，该表指针依然不动。

（2）故障原因

1）气压表或传感器损坏。

2）空气压缩机不压缩空气。

3）管路严重泄漏。

（3）故障排除

1）可拆下传感器接线进行搭铁，然后观察。如果气压表指针转到最大值，说明传感器损坏，应更换新的传感器。如果气压表的指针不动，则说明气压表损坏，应更换气压表。

2）检修或更换空气压缩机。

3）检查各管路及接头，更换损坏的气管及接头。

五、电气系统的其他故障诊断与维修

1. 变矩器油温表指示值低

（1）故障现象

装载机运行过程中，变矩器油温表指示值低。

（2）故障原因与故障排除（表 5—2—1）

表 5—2—1　　装载机变矩器油温表指示值低的故障原因与故障排除

故障原因	故障排除
变矩器油温表损坏	更换油温表
油温传感器损坏	更换油温传感器
环境温度低，装载机运转时间短	起动装载机，热机一段时间

2. 机油压力表指针不动

（1）故障现象

压力表指针不动，显示无机油压力。

（2）故障原因与故障排除（表 5—2—2）

表 5—2—2　　装载机机油压力表指针不动的故障原因与故障排除

故障原因	故障排除
机油压力表或压力传感器损坏	更换机油压力表或压力传感器
机油泵严重损坏或装配不当而卡住	拆检后进行间隙调整，并做机油泵性能试验。必要时更换机油泵
机油压力调压阀失灵，其弹簧损坏	更换弹簧，修磨调压阀密封面。必要时更换调压阀
油道阻塞	检修、清理油道

3. 气压表指针始终指向最大值

（1）故障现象

装载机行驶过程中及停车后，气压表指针始终指向最大值。

（2）故障原因与故障排除（表 5—2—3）

表 5—2—3　　装载机气压表指针始终指向最大值的故障原因与故障排除

故障原因	故障排除
气压表或压力传感器损坏	更换气压表或压力传感器
油水分离器组合阀压力控制阀失灵	修理或更换油水分离器组合阀

4. 发电机过热

（1）故障现象

发动机在运行过程中，发电机壳体温度过热。

（2）故障原因与故障排除（表 5—2—4）

表 5—2—4　　装载机发电机过热的故障原因与故障排除

故障原因	故障排除
轴承磨损或缺少润滑油	更换轴承或加注润滑油
换向器或电枢线圈短路	拆开发电机，检查换向器和电枢线圈，并排除短路地方

5. 蓄电池充电电流长时间过大

（1）故障现象

蓄电池充电电流长时间过大。

（2）故障原因与故障排除（表 5—2—5）

表 5—2—5　　装载机蓄电池充电电流长时间过大的故障原因与故障排除

故障原因	故障排除
蓄电池亏电严重	发电机工作后，用万用表检查蓄电池电压，如果充电电流过大而电压在 25 V 以下，则为蓄电池问题。如果发电机“+”极电压在 30 V 以上，应检查发电机“-”极接地是否正常。将万用表电压挡负极接地，正极接发电机负极，如果显示有电压，则为地线断路。否则，为发电机内部问题
蓄电池有一两格短路损坏	
发电机负极接地线松脱	

6. 发动机无法起动或起动困难

（1）故障现象

发动机无法起动或起动困难。

（2）故障原因与故障排除（表 5—2—6）

表 5—2—6　装载机发动机无法起动或起动困难的故障原因及故障排除

故障原因	故障排除
蓄电池损坏或电量不足	更换新的蓄电池或给蓄电池充电
电锁损坏	更换电锁
线路接触不良或断路	检查并修复线路
起动电动机的电磁开关或拨叉损坏	检查线圈是否完好、触点是否平整、拨叉是否运动自如、弹簧是否拉断，以及是否剔齿等，并进行修复
起动电动机转子烧毁	更换起动电动机
主电源继电器、起动继电器或挡位、起动连锁继电器损坏	更换出故障的继电器
润滑油太黏稠	更换合适黏度的润滑油

7. 灯具不亮

（1）故障现象

灯具不亮。

（2）故障原因与故障排除（表 5—2—7）

表 5—2—7　装载机灯具不亮的故障原因与故障排除

故障原因	故障排除
线路故障	检查开关、熔丝、灯泡及线路等，并且更换或修复

8. 发动机无法熄火

（1）故障现象

发动机无法熄火。

（2）故障原因与故障排除（表 5—2—8）

表 5—2—8　　装载机发动机无法熄火的故障原因与故障排除

故障原因	故障排除
线路接触不良或断路	检查并修复
熄火继电器损坏	更换熄火继电器
熄火电磁铁损坏	更换熄火电磁铁